의사에게는 세 가지 무기가 있다.
첫째가 말이요, 둘째가 약초요, 셋째가 메스다.

◆

히포크라테스

글 야마모토 다케히토
옮김 서수지
감수 예병일

대단한

죽음에 맞선 인류의 경이로운 도전

위즈덤하우스

저는 외과 의사입니다. 매일 같이 수술실에 들어가 살아 있는 장기를 만지죠. 의료용 메스로 환자의 복부를 가르면 그 안에는 자연계가 빚어낸 아름답고 복잡한 구조물이 자리 잡고 있습니다.

장기는 사람마다 다르게 생겼습니다. 누런 지방이 두툼하게 장기를 덮은 사람이 있는가 하면, 내장 지방이 하얗고 얇은 사람도 있습니다. 위가 아래쪽으로 늘어진 사람이 있는가 하면, 윗배에 머물러 있는 사람도 있지요. 대장이 뱀처럼 구불구불 뱃속에 똬리를 튼 사람도 있고, 비교적 짧고 곧은 사람도 있습니다. 같은 이름이 붙은 혈관이라도 굵기와 가지를 친 형태는 사람마다 다릅니다. 이러한 개인차가 수술 난이도에 영향을 주기도 합니다.

신기하다 싶다가도 곰곰이 따져 보면 당연한 일입니다.

사람은 저마다 키와 얼굴 생김새, 성격이 각양각색입니다. 마찬가지로 장기 모양에도 개성이 있습니다. 얼굴만 보고 사람을 구분할 수 있듯, 장기 모양만 보고도 사람을 구별할 수 있습니다. 의사들은 수술 영상을 보고 어떤 환자의 뱃속인지 떠올리기도 하니까요.

그런데 수많은 사람의 몸속을 들여다보다 보면 상반된 상황을 마주하기도 합니다. 분명 다른 사람인데 몸 안쪽이 기묘할 정도로 닮은 경우도 있거든요.

사람의 배를 열어 보면 오른쪽 위에는 간이, 왼쪽 위에는 지라가 있습니다. 중앙에는 위와 쓸개, 소장이 있고 그 바깥을 대장이 빙글빙글 둘러싸고 있지요. 극히 드문 예외를 제외하면 인체 내부는 구조가 같습니다.

살아가는 데 필요한 보편적인 구조는 같지만, 생존에 영향을 주지 않는 범위에서는 조물주의 '유희'가 발휘됩니다. 의사는 인체의 보편적인 구조를 깊이 이해하면서 조물주의 유희인 다양성에 임기응변해야 합니다.

이것이 의학의 재미이자 심오함입니다.

의학은 지금까지 기나긴 세월에 걸쳐 장기 하나하나의 구조와 기능을 밝혀 왔습니다. 왜 그러한 형태로 생겼는지, 어떠한 기능을 무슨 원리로 하는지 말이죠. 인체라는 정교한 구조물의 수수께끼를 풀수록 우리는 경이로움을 느끼게 됩니다.

위는 강력한 산을 분비하는 동시에 단백질을 분해하는 소화 효소를 만들어서 우리가 먹은 음식을 효율적으로 소화합니다. 십이지장으로 흘러 들어간 음식물은 다양한 소화액과 섞여 탄수화물, 단백질, 지방에 대응하는 소화 효소로 인해 서서히 분해됩니다.

사람 몸에서 하루에 분비되는 소화액은 7리터에 이릅니다. 몸에 마구 들어오는 숱한 유기물을 흡수 가능한 형태로 바꾸기 위해서죠. 자연에 존재하는 온갖 물질을 소화하고 흡수하는 과정은 녹록지 않습니다.

지방을 예로 들어 볼까요. 라면 국물에 기름이 둥둥 뜨는 것은 지방이 물에 녹지 않기 때문이죠. 물과 기름은 섞이지 않습니다. 따라서 물이 주성분인 소화액은 지방과 잘 섞이지 않아요. 그러면 지방을 어떻게 소화하고 흡수해야 할까요?

대단한 의학

이 까다로운 문제를 해결하기 위해 '쓸개즙'이 나섭니다. 지방 성분이 포함되어 있는 쓸개즙은 유화 작용을 통해 지방을 물에 녹는 형태로 바꿉니다. 기름때를 비누로 씻어 내는 듯한 과정이 우리 몸에서 일어나는 겁니다. 이런 신체 반응은 우리 몸에서 매일 일어나는 '소화·흡수' 작용의 일부로, 소름이 끼칠 만큼 정교하게 짜여 있습니다.

의사인 저는 매일 사람의 몸을 접하며 그 아름다움을 실감하는 복을 누리고 있습니다. 나날이 발전하는 현대 의료 기술 또한 제 손으로 체감하고 있죠.

수술실에 들어가 전신 마취를 한 환자의 배를 열고, 병이 난 곳을 도려냅니다. 뱃속을 다 살피고 나면 피부를 꿰매고, 마취과 의사에게 요청해 환자를 마취에서 깨웁니다. 수술 종류에 따라 조금씩 차이는 있어도 며칠에서 일주일이면 건강을 회복한 환자가 집으로 돌아갑니다.

이는 저에게 지극히 평범한 일상입니다. 그런데 생각해 보면, 이러한 일상이 당연해진 것은 의학 역사에서도 '아주 최근의 일'입니다.

정확히 계산된 타이밍에 환자의 의식을 잃게 하고, 몸을 가르고 열어서 장기를 도려내고, 다시 꿰매어 덮은 다음 환자를 깨웁니다. 이러한 치료는 전신 마취가 보급된 19세기 중반에서 20세기 사이에야 가능해졌습니다.

그 전까지 수술이라고 하면 통증을 견디지 못해 울부짖으며 몸부림치는 환자를 제압하는 고된 작업이었습니다. 수술 도중 날뛰는 환자를 붙잡을 사람이 여럿 필요했고 때로는 온몸을 꽁꽁 묶는 압박대가 달린 수술대를 쓰기도 했습니다. 당시 사람들의 눈에는 지금 우리가 누리는 의료 기술이 '기적'에 가까울 거예요.

전신 마취뿐만이 아닙니다. 옛날에는 어렵사리 수술에 성공하고도 상처 감염으로 사망하는 사례가 수두룩했습니다. 소독이라는 개념이 없었던 탓이죠. 수술 시 소독해야 한다는 의식은 아주 최근에야 상식이 되었습니다.

세계 최초로 소독약을 발명하고, 외과 의사로서 최초로 남작 작위를 받은 영국의 조지프 리스터는 1870년에 《랜싯》이라는 의학 전문지에 충격적인 논문을 발표합니다. 소독을 하지 않고 수술했을 때는 45.7퍼센트였던 사망률이 소독을 하고 나니 15퍼센트로 줄어들었다는 내용이었습니다. 소독만으로 사망률이 3분의 1로 감소한 것도 놀랍지만, 그 전에는 절반 가까운 사람이 수술 후 사망했다는 사실이 충격적입니다.

사실 인류는 오랫동안 감염병의 원인을 알지 못했습니다. 경험적으로 '돌림병'이 존재한다는 사실은 알았지만, 보이지 않는 아주 작은 생물이 병을 일으킨다는 사실은 19세기 후반에야 알아냈죠. 독일의 의사 로베르트 코흐는 '세균이 감염병의 원인'이라는 사실을 최초로 발견하고 1905년에 노벨 생리·의학상을 받았습니다. 고작 100년 남짓 지난 일입니다.

이쯤에서 흥미로운 이야기를 하나 소개할게요.

충수염이라는 병이 있습니다. 흔히 '맹장염'이라고 잘못 부르는 경우가 많은데, 정확하게는 막창자꼬리라고 하는 충수에 염증이 생기는 병입니다. 걸리면 배가 아주 심하게 아프죠. 보통 수술로 충수를 잘라 내는 치료를 합니다. 요즘은 이 병이 널리 알려져 있습니다. 그런데 의학의 역사를 되짚어 보면 뜻밖의 사실을 알게 됩니다. 18세기가 되어서야 이 병이 의학사에 기록되었다는 것이죠.

왜 인류는 이 흔한 질병의 존재를 이토록 오래 알지 못했을까요? 주된 이유는 바로 살아 있는 사람의 배를 열고 안을 들여다볼 수단이 없었기 때문입니다.

반면에 유방암은 기원전 400년 무렵에 이미 기록이 남아 있습니다. 몸 밖으로 드러나는 질병과 몸 안에서 일어나는 질병은 그 존재를 알아채는 데에 무려 2000년이라는 시간차가 있었던 것입니다.

오늘날 우리는 아픔 없이 수술을 받고, 짧은 시간 내에 일상으로 돌아갑니다. 과거에는 상상조차 할 수 없던 미래를 현실로 살아가고 있지요. 의학이 지금까지 어떤 성취를 이루어 왔는지, 어떤 치료법을 만들어 냈는지, 그 길고도 엄청난 과정을 알면 누구나 감탄할 수밖에 없을 거예요.

의학을 배우고, 우리 몸을 알아 가는 과정은 이루 말할 수 없이 즐겁습니다. 제가 의대생 시절부터 약 20년 동안 만끽해 온 이 희열을 많은 분들과 나누고 싶었어요. 지적 호기심을 채우는 기쁨 말이죠. 이 책은 그런 마음을 담아 썼습니다.

우선 1장에서는 인체가 얼마나 잘 만들어진 구조인지, 어떻게 이렇게 뛰어난 기능을 지녔는지를 머리 꼭대기부터 발끝까지 차례차례 설명합니다.

2장에서는 항생제와 스타틴, 스테로이드 제제 등 의학사를 바꾼 약을 소개합니다. 약의 원리를 살피는 과정은 곧 인체의 기능을 살피는 과정과 같습니다. 수많은 명약이 '99퍼센트의 노력과 1퍼센트의 영감'에서 탄생했다는 사실을 알고 나면 놀라울 거예요.

3장에서는 수술의 역사에 혁명을 일으킨 외과 의사들의 업적을 살펴봅니다. 세계 최초로 소독을 도입한 조지프 리스터와 외과 의사 최초로 노벨상을 받은 에밀 테오도어 코허 등 현대 수술의 기초를 닦은 의사들의 생애를 현대 외과 의사의 시선으로 풀어냅니다.

4장에서는 전기 메스부터 내시경, 수술실에서 사용하는 수술용 로봇까지 수술 기구가 어떻게 발전했는지 소개합니다. 기술 발전이 외과학에 일으킨 놀라운 혁신에 가슴 두근거리는 지적 흥분을 느낄 수 있을 겁니다.

5장에서는 방사선과 일산화 탄소, 치명적인 바이러스처럼 인체를 향한 위협을 설명합니다. 우리 몸은 생각보다 약하고, 주위 환경은 위험으로 가득합니다. 이 사실을 깨달으면 의학의 사명이 무엇인지를 자연스레 곱씹게 됩니다.

책에 믿을 만한 정보를 담기 위해 출처가 분명한 자료들을 확인했고, 저의 전문 영역을 벗어난 지식은 각 분야 전문가에게 감수를 의뢰해 정확한 내용을 담고자 했습니다. 마지막에는 부록으로 '초간단 의학의 역사'를 실었습니다.(401쪽) 의학 발전을 이야기하며 빼놓을 수 없는 중요한 사건과 인물을 담은 요약집이라 할 수 있습니다. 핵심만 쏙쏙 담아 정리했으니 의학사의 전체적인 흐름을 한층 쉽게 파악할 수 있을 거예요.

저는 책에서 누구에게나 친숙한 일화를 소개하고자 했습니다. 그런데 그 친숙함에서 한발 더 깊이 들어가면 깊고 광대한 지식의 바다가 펼쳐집니다. 책을 읽는 동안 '의학'이라는 학문을 높은 곳에서 내려다보듯 너른 관점으로 살펴볼 수 있기를 바랍니다.

자, 이제 출발해 볼까요? 멋진 의학의 세계로!

차례

제1장

우리 몸의 비밀

획기적인 약, 정교한 인체

제 5 장

인체를 향한 위협

제1장

우리 몸의
비밀

내가 다른 사람보다 더 멀리 보았다면

이는 거인들의 어깨 위에 서 있었기 때문이다.

아이작 뉴턴 (과학자)

갑자기 일어나면
왜 어지러울까?

중력을 거슬러야 하는 몸

세면대 앞에 서서 수도꼭지를 튼다고 생각해 봅시다. 물은 당연히 아래로 떨어질 겁니다. 강물이 높은 곳에서 낮은 곳으로 흐르듯이요. 물체가 중력의 영향을 받아 움직이는 각종 현상을 우리는 자연스럽게 받아들입니다.

그런데 혈액은 전혀 다른 방식으로 움직입니다. 우리 몸 중앙에 자리한 심장이 온몸에 피를 보냅니다. 땅 위를 두 발로 걷는 우리가 심장보다 높은 곳에 있는 장기에 피를 보내려면, 항상 중력을 거슬러야만 합니다.

심장보다 높이 있으면서 살아가는 데 가장 중요한 장기가 있으니 바로 뇌입니다. 뇌는 산소 부족에 약한 장기예요. 피의 흐름을 '혈류'라고 하는데, 심정지로 인해 뇌로 가는 혈류가 끊기면 산소가 공급되지 않아 몇 초 만에 의식을 잃습니다. 2~5분 이상 심장이 멈추면, 뇌에 돌이킬 수 없는 손상이 일어나고 생명이 위태로워집니다.

우리 몸은 이토록 민감한 장기를 가장 깊은 곳에 꼭꼭 숨겨 두기는커녕 가장 높은 곳에 두었습니다. 하루 종일 중력을 거슬러야 하는 위치에요. 자칫하면 생명을 잃을 수 있는 아슬아슬한 구조입니다.

물론 자는 동안은 걱정하지 않아도 됩니다. 뇌가 심장과 같은 높이에 놓여 혈류를 원활하게 유지할 수 있기 때문이죠. 문제는 앉아 있다가 갑자기 확 자리에서 일어날 때 생깁니다. 그때 순간적으로 머리가 핑 돌아 비틀거린 경험, 누구나 해 봤을 거예요. '기립성 어지럼증', 정확하게는 '기립 저혈압'이라는 증상입니다. 중력을 거슬러 뇌로 보내져야 할 피가 순간적으로 부족해 생기는 증상입니다.

이렇게 원리를 알고 나면 '기립 저혈압이 왜 생길까?'가 아니라 '평소에는 왜 기립 저혈압이 일어나지 않을까?'가 궁금해집니다. 중력은 늘 작용하니, 저혈압이 늘 일어나도 이상하지 않으니까요. 어떻게 갑자기 자세를 바꿔도 피가 원활히 흐르는 걸까요? 이 물음에 답을 찾으려면 자율 신경계가 어떻게 일하는지 알아야 합니다.

자율 신경계의 역할

우리가 앉아 있으면 피는 중력의 영향으로 하반신에 쏠립니다. 그러면 온몸에 뻗어 있는 자율 신경계가 이를 감지해 뇌로 보내는 피가 줄어들지 않도록 곧바로 대처합니다.

호스로 물을 내뿜는 장면을 한번 상상해 볼까요? 물을 높이 뿜으려면 두 가지 방법이 있을 거예요. 수도꼭지를 끝까지 열어서 흐르는 물의 양을 늘리거나, 호스 끝을 손으로 눌러 지름을 줄이고 물의 세기를 강하게 하는 겁니다.

자율 신경계도 이와 비슷하게 일합니다. 곧바로 심박 수를 늘려 심장에서 내보내는 혈액량을 늘리는 동시에, 온몸의 혈관을 수축시켜서 심장으로부터 먼 곳까지 혈액이 잘 가닿도록 하죠. 자율 신경계 중에서도 '교감 신경'이라고 불리는 신경계가 이러한 역할을 담당합니다. 교감 신경이 일하는 덕분에 우리가 갑작스럽게 자세를 바꾸어도 혈압이 일정하게 유지되고 몸이 정상적으로 기능할 수 있어요.

기립 저혈압은 이러한 자율 신경이 제 기능을 하지 못할 때 일어나고는 합니다. 병이나 약물 부작용으로 자율 신경계가 제대로 작동하지 않으면, 혈압을 조절하는 기능이 둔해지거든요. 또 출혈로 혈액이 줄어든 상태(빈혈)거나 몸에 수분이 부족한 상태(탈수)여도 기립 저혈압이 일어나기 쉽습니다. 쉽게 말해 호스 안에 흐르는 물의 양이 줄어든 상태죠. 물을 멀리까지 보내려 호스 끝을 아무리 꽉 눌러도, 양이 부족하니 시원하게 물줄기를 뿜어낼 수 없습니다.

심장 기능이 나쁜 경우에도 혈압 조절이 어려워요. 수도꼭지가 충분히 열리지 않는 상태와 비슷하다고 보면 됩니다.

사람이 실신하는 이유

피 검사나 예방 접종으로 주사를 맞을 때가 있죠. 그런데 바늘이 찔리는 순간, 통증이나 심리적 스트레스로 어지러움을 느끼고 픽 쓰러지는 사람들이 있습니다. 이 반응을 '미주 신경성 실신'이라 불러요. 자율 신경계 균형이 무너져 심박 수가 떨어지고 혈관이 확장되면서 뇌로 가는 혈류가 일시적으로 줄어들어 정신을 잃는 증상입니다. 쉽게 말해 수도꼭지를 충분히 열지 않고, 호스 끝도 꽉 누르지 않은 상태라고 할 수 있죠.

여기서 '미주 신경'은 부교감 신경 중 가장 큰 신경이에요. 부교감 신경의 일종이니 교감 신경과 정확히 반대의 일을 합니다. 자율 신경계는 교감 신경과 부교감 신경이라는 상반된 두 시스템으로 이루어져 있습니다. 이 둘이 적절히 균형을 이루어야 우리 몸의 기능이 유지되죠. 미주 신경성 실신은 부교감 신경이 과하게 활동하고, 교감 신경은 활동이 억눌릴 때 일어납니다.

학교 운동장에서 아침 조회를 하던 시절, 오래 서 있다 보면 휘청하면서 쓰러지는 학생이 나오곤 했어요. 이 또한 미주 신경성 실신의 한 예입니다. 오랜 시간 같은 자세로 있으면 자율 신경계의 균형이 깨질 수 있거든요.

뇌로 가는 혈류가 회복되면 의식이 돌아오기에 대부분 특별한 치료가 필요하진 않습니다. 어떤 의미에서는 두 발로 걸으며 살아가는 인류가 숙명적으로 짊어진 약점이라고 할 수 있겠습니다.

좌우 눈은
다른 세상을 본다

양 눈의 시야가 다른 이유

이쯤에서 한 가지 실험을 해 볼까요? 잠시 책을 덮고 책등이 코앞에 오도록 드는 거예요. 그 상태에서 좌우 눈을 번갈아 감아 봅시다. 오른쪽 눈과 왼쪽 눈으로 보는 세상이 너무 달라 깜짝 놀랄 거예요. 우리의 양쪽 눈은 늘 이렇게 다른 풍경을 보고 있습니다.

신기하게도 평소에는 이 차이를 알아차리지 못한 채 지냅니다. 양쪽 눈으로 들어오는 정보가 뇌에서 통합되고, 뇌에서 이미지를 만들어 내면 '눈으로 본다'고 느끼거든요.

양쪽 눈의 시야 차이

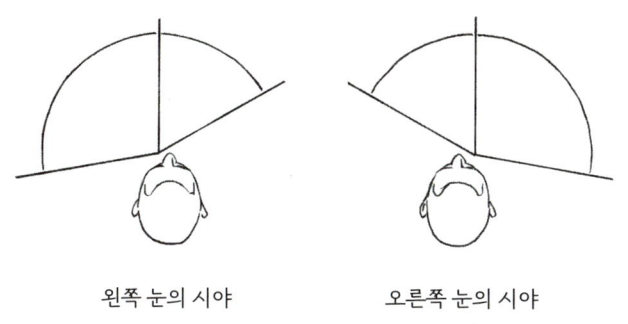

왼쪽 눈의 시야   오른쪽 눈의 시야

그렇다면 우리는 어째서 세상을 인식할 때 다른 각도에서 본 두 이미지가 필요할까요? 그 이유 또한 간단한 실험으로 실감할 수 있습니다.

한쪽 눈을 감은 채로 눈 바로 앞에서 양쪽 검지손가락 끝을 정확하게 맞닿도록 해 봅시다. 쉽게 하던 일인데, 한쪽 눈을 감으면 생각보다 거리감을 느끼기 어려울 거예요. 양쪽 각도의 이미지를 합쳐 보아야 입체적으로 원근을 파악할 수 있기 때문이죠. 한쪽 눈만으로는 뇌에 보낼 정보가 부족합니다.

우리는 눈을 사용해 세상을 본다고 생각하지만, 눈은 어디까지나 정보 수용체로, 감각을 받아들이는 입구에 지나지 않습니다. 세상을 보는 것은 눈이 아닌 '뇌'입니다.

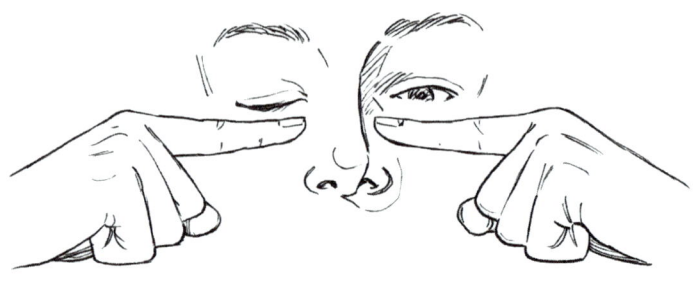

3D 영상과 현대 수술

최근에는 내시경을 이용한 수술이 활발합니다. 예를 들어 일본에서는 대장암 수술의 80퍼센트 이상이 내시경 수술로 이루어지고 있습니다. 배의 안쪽(복강)을 볼 때 쓰는 수술용 내시경은 '복강경'이라 부릅니다.

대장 끝부분에 속하는 '직장'은 골반 안쪽에 자리 잡은 장기입니다. 예전에 직장을 수술할 때는 의사가 환자 배 안쪽 어두운 공간을 맨눈으로 살펴야 했습니다. 그런데 복강경은 이러한 좁은 공간에도 손쉽게 파고 들어가 의사가 내부를 또렷하게 볼 수 있게 해 줍니다. 복강경에 달린 카메라가 촬영한 영상을 모니터로 보면서 수술을 진행하거든요. 이것이 복강경 수술의 큰 장점입니다.

그렇지만 모든 일에는 장단점이 있는 법. 복강경 수술은 '깊이감을 느끼기 어렵다'는 단점이 있습니다. 의사가 모니터에 비친 2D 영상을 보면서 수술하기 때문입니다. 마치 한쪽 눈만 뜬 채 수술하는 상황과 다름없는 것이죠.

그러나 최근에는 3D 내시경이 보급되고 있습니다. 맨눈으로 보면 이중으로 겹친 듯 보이는 모니터 영상이 전용 고글을 착용하고 보면 선명한 3D 영상으로 바뀝니다. 그래서 요즘 수술실에서는 커다란 선글라스 같은 안경을 낀 의사들이 환자는 보지도 않고 모니터만 뚫어지게 들여다보면서 수술하는, 얼핏 괴상한 풍경이 종종 펼쳐집니다.

제가 사는 일본에서는 전국적으로 로봇 수술이라는 것이 보급되고 있는데, 이 수술도 의사가 3D 영상을 보며 진행됩니다.(4장에서 자세히 다룹니다.) 의료용 로봇을 사용해 수술하는데, 의사는 환자와 조금 떨어진 '조종석'에 앉아 무선 조종 자동차의 리모컨을 조작하듯이 로봇 팔을 원격 조종합니다. 가장 대표적인 로봇 수술 시스템인 '다빈치 로봇 수술'은 의사가 쌍안경을 들여다보듯이 환자 몸속에 늘어간 카메라가 찍는 영상을 봅니다. 좌우 눈에 비치는 영상은 뇌에서 합쳐져 의사에게 3D 영상으로 인식되지요. 우리 눈이 현실 세계에서 시각 정보를 받아들이는 방식을 그대로 본뜬 듯한 장비입니다.

약시가 생기는 경우

서너 살 된 어린아이는 안대를 쓰면 안 된다는 사실, 알고 있었나요? 어린 나이에 시야를 차단하면 시력 성장에 문제가 생길 수 있기 때문입니다.

시력 성장에 문제가 생긴다는 말은, 흔히 '눈이 나쁘다'고 말하는 안경이 필요한 상황과는 다릅니다. 안경을 착용해서 교정하더라도 정상 시력을 확보할 수 없다는 의미죠. 안구 자체는 정상이더라도 눈으로 빛을 포착해 뇌로 정보를 전달하고 뇌에서 정보를 처리하는 능력이 제대로 발달하지 못했기 때문입니다. 이렇게 시력이 저하된 상태를 '약시'라고 합니다.

사실 아기도 눈 구조 자체는 어른과 비슷한 수준으로 발달되어 있습니다. 반면 망막에 비친 이미지를 뇌에서 인식하는 구조는 나이가 들면서 성장합니다.

갓난아기의 시력은 0.01 정도로, 밝고 어두운 정도만 인식할 수 있습니다. 그러다 매년 시력이 서서히 올라 여섯 살에는 성인과 얼추 비슷한 시력에 미칩니다. 시력은 사물을 보는 과정이 쌓이면서 성장합니다. 눈에서 뇌로 정보가 반복해 전달되고 이 시각 정보가 뇌에 자극을 주어, 눈에 비친 세상을 뇌로 인식하는 힘을 갖추는 겁니다.

시력 성장을 방해하는 요인이 눈 자체에 있을 때도 있습니다. 예를 들어 근시나 원시가 있으면 망막에 상이 또렷하게 맺히지 않아 눈으로 본 것을 뇌로 인식하는 힘이 키워지지 않습니다. 이 상태로 시력이 완성되면 나중에 안경을 쓰더라도 선명한 시야를 얻지 못합니다. 어릴 때 적절한 안경을 쓰고 교정해서 선명한 영상을 뇌에 입력하는 것이 약시를 예방하는 길입니다.

사시도 정도에 따라 약시의 원인이 됩니다. 사시란 사물을 볼 때 좌우 눈이 같은 방향을 향하지 않고, 한쪽 눈이 다른 방향을 향하는 상태입니다. 그러면 뇌는 저절로 사시가 있는 쪽의 눈에서 보내는 정보는 쓰지 않고, 건강한 눈으로 본 세상만 인식합니다. 사물이 겹쳐 보이는 걸 막기 위해서죠. 결과적으로 사시가 있는 쪽의 눈은 약시가 되어 버립니다.

처음에는 걷지도 말하지도 못하던 아기가 걸음마를 떼고 서서히 말문이 트이듯, 시력도 성장하면서 점차 터득하는 능력입니다. 유아기는 시력의 성장 과정에서 가장 중요한 시기로, 이 시기를 놓치면 되돌릴 수 없게 됩니다.

시력의 성장

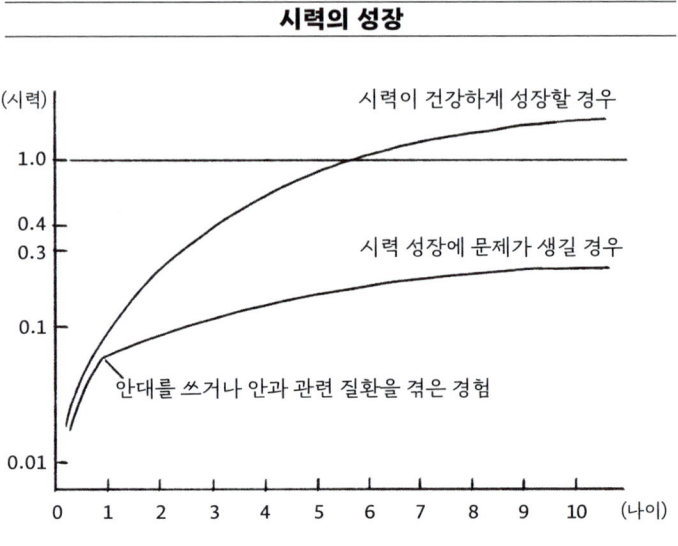

'섬망'이라는 의식 장애

갑작스러운 폭언

지금부터 읽어 볼 이야기는 제가 지어낸 일화입니다. 그렇지만 의료 현장에서는 자주 일어나는 무척 흔한 장면이에요.

"예의 바르고 상냥한 성격의 60대 남성. 전신 마취 수술을 받고 병실로 돌아온 뒤, 갑자기 난동을 부리기 시작했다. 간호사와 주변에 있던 직원들에게 폭언을 퍼붓고 폭력을 휘두르며 사납게 굴었다. 보호자로 따라온 가족은 '평소 얌전하던 양반이 갑자기 왜 이러는지 모르겠다'며 발을 동동 굴렀다. 그런데 다음 날 아침, 언제 그랬냐는 듯 평소 모습으로 돌아왔고 환자 본인은 전날 일을 전혀 기억하지 못했다."

이건 '섬망'이라는 병의 증상을 묘사한 것입니다. 섬망이란 병에 걸리거나, 상처를 입어서(외상), 또는 수술과 약물 등이 원인이 되어 일어나는 의식 장애입니다. 입원해서 생기는 환경 변화나 불규칙한 수면 리듬처럼 몸과 마음에 이런저런 스트레스가 쌓이면 섬망이 일어나기 쉬워요. 특히 치매 환자나 나이가 많은 어르신에게 잘 일어나지만, 섬망은 치매와는 전혀 다른 양상을 보입니다.

치매는 증상이 빠르게 심해지지도 쉽게 낫지도 않습니다. 매해 서서히 진행되죠. 반면 섬망은 일시적으로 일어나는 의식 장애로, 증상이 짧은 시간 내에 바뀐다는 특징이 있습니다.

입원 환자 열 명 중 서너 명이 섬망 증상을 보인다는 통계가 있을 정도로 의료 현장에서는 흔한 일입니다. 그래서 의사나 간호사들은 앞서 소개한 상황을 마주해도 보통 사람들만큼 놀라지 않아요. 특히 병동에서 근무하는 의료진은 매일 같이 만나는 광경이거든요.

그러나 섬망의 실태가 널리 알려지진 않았기 때문에 갑자기 딴사람이 된 환자를 보면 가족들은 놀랄 수밖에 없습니다.

섬망과 치매

	섬망	치매
의식 장애	의식 장애가 있다.	서서히 진행된다.
발병 양식	갑자기 발병한다.	천천히 발병한다.
증상의 특징	하루 사이에 증·상이 오락가락하고, 며칠에서 몇 주 지속된다.	하루 동안 증상 변동이 적고, 만성적으로 진행된다.

섬망 증상과 치료

섬망을 일으킨 환자는 정신이 또렷한 것처럼 보이지만, 실제로는 수면 상태와 각성 상태 사이에 놓여 의식이 몽롱한 상태입니다. 앞뒤가 맞지 않는 말을 두서없이 늘어놓기도 하고, 환각을 보는 경우도 많죠.

"저기, 벌레 떼 좀 봐. 벽에 우글거리는 벌레들 안 보여?", "내 병실에 도청 장치가 있다니까? 누가 나를 도청하고 있어!" 이렇게 환각을 호소하는 환자가 있는가 하면, "누가 저 소리

좀 꺼 봐. 라디오인지 텔레비전인지 애국가 소리가 계속 들려서 미치겠어." 이렇게 환청을 듣는 환자도 있습니다. 이런 증상은 모두 환상이지만 환자 본인에게는 현실처럼 생생하게 느껴집니다.

또 주의가 산만해지고 집중력이 떨어집니다. 주위 상황을 정확하게 파악하지 못하고 흥분 상태를 보이는 환자도 많아요. 이러한 경우는 병을 치료하는 데 큰 방해가 되기도 합니다. 예를 들어 링거 주삿바늘을 잡아 뽑거나, 몸부림을 치다가 침대에서 떨어져 다치는 등 위험한 사고가 일어날 수 있기 때문입니다.

'인지 기능 장애' 증상을 보이는 경우도 있습니다. 인지 기능 장애란 날짜와 시각, 자신이 있는 장소, 가까운 사람의 이름 등을 기억하지 못하는 증상이에요.

의학 드라마에서 구급차에 태운 환자에게 의사가 "지금 여기가 어딘지 아시겠어요? 오늘이 몇 월 며칠이죠?"라고 묻는 장면을 자주 봤을 거예요. 이것이 바로 인지 기능 장애 유무를 확인하는 장면입니다. 섬망뿐 아니라 가벼운 의식 장애에서 나타나는 대표적 증상이 인지 기능 장애이기 때문이죠.

섬망을 치료하는 방법은 다양합니다. 우선 원인으로 추정되는 질병과 외상을 빠르게 발견해서 치료하는 것이 가장 중요합니다. 또 섬망의 원인일 수 있는 약물을 끊어서 회복하는 사례도 있습니다. 입원 중이라면 시계나 달력, 가족사진을 침대 옆에 두어 현실을 파악하기 쉽도록 도와주고, 심리적인 스트레스를 줄여 주는 게 중요해요. 수면 리듬을 바로잡기 위해 섬망에 효과가 있는 약을 투여하기도 합니다. 여러 분야의 전문가가 함께 협업해 대처해야 하죠. 앞선 치료들이 어려운 상황이라면, 정신과 의사가 치료에 참여하기도 합니다.

섬망처럼 환자의 의식이 크게 바뀌는 증상을 직접 목격하면 가까운 사람들은 큰 충격을 받습니다. 소중한 사람이 엉뚱한 소리를 하고 공격적으로 변하면 불안한 게 당연하죠. 이럴 때 아는 것이 힘이 될 수 있습니다. 충분한 지식은 불안을 줄여 주니까요.

콧속은 예상과
다르게 생겼다

왜 코로나 검사는 아프게 코를 쑤실까?

전 세계적으로 코로나19라는 신종 감염병이 유행하면서 전문가들이나 알던 의학 지식이 널리 퍼지기도 했습니다. 이를테면 PCR 검사 같은 거요. 그 전에는 과학자들이나 쓰던 '중합 효소 연쇄 반응(polymerase chain reaction, PCR)'이라는 전문 용어를 편의점이나 동네 약국에서도 보게 되다니, 상상도 못 할 일이었어요.

코로나19 검사를 해 봤다면 콧속 깊숙이 긴 면봉을 쑤신 적이 있을 거예요. 코로나19 감염 여부를 확인하기 위해 채취하는 것 중 하나가 '비인두도말물'이기 때문입니다. 비인두도말물, 말이 어렵지만 간단히 말하면 목구멍 안쪽이 닿을 때까지 면봉을 넣고 점막을 긁어서 얻는 체액이에요.

환자가 어떤 병에 걸렸는지 알아보는 검사는 다양합니다. 혈관에 바늘을 꽂아 피를 뽑는 피 검사와 소변을 채취해 분석하는 소변 검사, 허리에 주사를 꽂아 뇌척수액을 채취하는 뇌척수액 검사 등 예를 들자면 끝이 없죠. 검사에 필요한 이러한 샘플들을 '검체'라고 합니다. 병원에서는 매일 환자 몸에서 갖가지 검체를 얻고, 검사실로 보내 검사를 합니다.

그중에서도 이 비인두도말물은 목 안쪽 점막에 세균이나 바이러스 같이 병을 일으키는 병원체가 있는지 살피기 위해 얻는 검체입니다. 의학적으로 '상기도'라고 부르는 부위를 긁어 얻어 내죠. 세균이 붙어 염증을 일으키기 쉽고, 다양한 종류의 미생물이 감염병을 일으키는 부위입니다.

우리는 하루에 약 2만 5000번이나 호흡합니다. 쉼 없이 숨을 쉬는 동안, 산소뿐 아니라 공기에 떠다니는 미생물도 받아들이죠. 이 미생물을 맞아들이는 입구가 바로 상기도라서 이 부위에 병이 쉽게 생깁니다.

아마 신종 코로나 바이러스에 감염되었는지 확인하기 위

해 비인두도말 PCR 검사를 해 본 사람이 많을 거예요. 코로나 유행 이전에는 계절성 독감(인플루엔자) 검사가 대표적인 비인두도말 PCR 검사였습니다. 매년 독감이 유행하는 계절이 돌아오면, 병원에 찾아온 환자들이 독감에 걸렸는지 확인하기 위해 의사들은 어마어마한 수의 콧구멍에 면봉을 찔러 넣었죠.

의사도 어려운 면봉 찌르기

사실, 면봉을 코안에 찔러 넣어서 목구멍까지 닿게 하는 건 숙련된 의사라 할지라도 쉽지 않습니다. 거기에 사전 지식도 없고 처음 해 보는 경우라면, 의사도 고생하고 당하는 환자도 고역이죠. 코 안쪽은 우리가 보통 상상하는 모양과 다르게 생겼기 때문입니다.

그래서 의사가 되면 꼭 면봉을 삽입하는 방법을 미리 교육받습니다. 주의 사항은 딱 하나입니다. '콧구멍은 아래를 향하고 있어도, 면봉은 얼굴과 수직 방향으로 넣기.' 사람은 돼지처럼 콧구멍이 정면을 향하고 있지 않다 보니, 사전에 지식이 없으면 면봉을 아래에서 위로 찔러 넣기 마련입니다. 여러분도 코딱지를 팔 때 손가락을 아래에서 위로 넣었을 테죠. 그러나 목구멍 안쪽까지 닿기 위해선 땅바닥과 수평이 될 정도로 면봉을 눕혀서 넣어야 합니다.

한번 상상해 볼까요? 여러분의 콧구멍과 목구멍은 어디서 어떻게 이어져 있을까요? 적어도 목 안쪽이 코 안쪽보다 위쪽에 있진 않을 거예요. 그렇게 생각하면 둘이 만나는 비인두라는 곳이 대강 어디쯤인지 파악하고 면봉을 잘 찔러 넣을 수 있습니다.

코피는 어디서 날까?

코피가 나면 가장 먼저 해야 하는 게 '압박'입니다. 출혈은 혈관을 강하게 누르면 멈추기 때문이죠. 그런데 코피를 멎게 하려면 정확히 어디를 압박해야 하는지 잘 모르는 사람이 많아요. 막연하게 콧구멍 안에서 피가 난다고 착각하고 콧구멍 위쪽, 즉 코 위의 단단한 코뼈를 누르는 실수를 하는 경우가 적지 않습니다.

사실 코피의 90퍼센트는 콧구멍이 시작되는 입구에서 납니다. 여기를 '키젤바흐 부위'라고 불러요. 가느다란 모세 혈관이 많아 피가 나기 쉬운 부위이죠.

따라서 피가 나면 코의 입구, 즉 둥글게 퍼진 콧방울을 압박해야 합니다. 콧방울을 엄지손가락과 집게손가락으로 지그

시 누른 채로 6~7분 정도 두는 겁니다. 그래도 코피가 멎지 않으면 압박을 반복하면 돼요. 대부분 이 정도면 지혈이 됩니다. 그래도 멎지 않는 경우는 대부분 압박하는 시간이 너무 짧거나 엉뚱한 부위를 누른 걸 거예요. 다만, 20~30분 동안 올바른 부위를 압박해도 코피가 멎지 않으면 의료 기관을 찾아가 진료를 받는 게 안전합니다.

코 내부 구조가 어떤지 정확히 이해하기는 의외로 어려워요. 인체에서도 자신의 얼굴만은 직접 볼 수 없고, 더욱이 콧구멍 안은 아무리 용을 써도 들여다볼 수 없으니까요. 팔이나 다리에서 피가 나면 상처를 어렵지 않게 찾을 수 있습니다. 그러나 코 안쪽에서 피가 나면 어디에서 피가 나는지조차 알기 어려워요.

참고로 코피가 났을 때 고개를 뒤로 젖히는 사람이 있는데, 그러면 피를 삼킬 위험이 있어 추천하지 않아요. 구토가 나거나 두통이 생길 수 있거든요. 또 휴지를 돌돌 말아 콧구멍에 끼워 막는 사람도 있는데, 압박 강도가 충분히 세지 않아 효과적인 지혈법이 아니에요.

다시 강조하지만 피가 나면 가장 중요한 건 압박 지혈이에요. 코피만이 아니라 모든 출혈에 적용되는 원칙이죠. 저 같은 외과 의사가 수술 중 갑작스러운 출혈을 만날 때도 일단 압박부터 합니다.

만약 심각한 부상을 입어 피가 나는 상황이라면 올바른 응급조치는 출혈 부위를 정확히 찾아 압박하는 것입니다.

코가 '막힌 상태'란?

어렸을 때부터 희한하다 여긴 점이 있습니다. 감기에 걸리거나 알레르기로 코가 막히면, 코를 풀었을 때 콧물이 줄줄 쏟아지며 시원해질 때도 있고, 코가 빨개지도록 풀어도 계속 맹맹하고 답답할 때도 있는 거예요.

코를 계속 풀면 안쪽에 있던 콧물이 모두 나와야 마땅하지 않을까요? 그런데 코를 풀다 보면 어느 순간 '아무것도 나오지 않는데 여전히 코가 막혀 답답한 상태'에 이르고 마는 겁니다. 누구나 살면서 코가 막혀서 힘든 상황을 경험하잖아요. 저도 어린 시절에 알레르기 비염을 앓았는데, 이 콧물의 수수께끼를 풀지 못해 내내 답답했습니다.

의학을 공부하자 이 수수께끼는 쉽게 풀렸습니다. 피부가 헐도록 코를 풀어도 시원해지지 않는 건 콧물이 콧속을 점령하고 있어서가 아니었습니다. 코점막이 붓고 두꺼워져서 콧물이 지나는 통로가 좁아진 탓이었죠. 얼굴이나 팔다리에 화상을 입어 염증이 생기거나 모기에 물린 데가 부어올라도 우리는 별 의문을 느끼지 않습니다. 어려서부터 몇 번이고 봐 온 신체 변화니까요. 코에 생기는 감염병이나 알레르기도 코점막에 똑같은 현상을 일으킨다고 생각하면 딱히 이상한 일은 아닙니다.

우리 몸의 보이지 않는 부분에서 일어나는 변화를 상상하기는 어렵습니다. 그렇지만 의학적인 지식이 있으면 어렵지 않게 이치를 이해할 수 있어요.

몸에서 가장
단단한 곳은 어디일까?

당근 산산조각 내기

당근을 맨손으로 으스러뜨릴 수 있는 사람이 얼마나 될까요? 아마 손아귀 힘만으로 쉽게 으스러뜨릴 수 있는 사람은 무척 적을 겁니다. 도구를 쓰더라도 당근은 쪼깨는 정도가 고작일 거예요.

지금 주위에 있는 물건을 한번 둘러보세요. 스마트폰, 펜, 컵, 컴퓨터…. 나름대로 단단한 물건이 시야에 들어올 겁니다. 그중 어떤 물건을 사용해도 당근을 잘게 조각내는 건 쉬운 일이 아닙니다.

그런데 알고 보면 우리 몸에는 당근을 참으로 쉽게, 그것도 산산이 조각낼 수 있는 곳이 있습니다. 바로 치아입니다.

입에 넣고, 한 입 깨물고, 몇 번 오물오물 씹기만 해도 당근은 순식간에 으스러집니다. 한 개를 통째로 조각내라고 해도 그렇게 어려운 일은 아닙니다. 당근이 입맛에 맞는지 안 맞는지를 떠나서 건강한 치아만 있다면 누구나 몇십 초 만에 이 단단한 채소를 산산조각 낼 수 있어요. 굉장한 성능이죠.

치아 표면의 '에나멜질'은 인체에서 가장 단단한 부분입니다. 법랑질이라고도 불리는 에나멜질은 간단히 말해 이의 가장 겉 부분이에요. 모스라는 광물학자가 어떤 물질이 얼마나 단단한지 보여 주는 '모스 굳기계'라는 지표를 만들었는데, 이 지표에 따르면 에나멜의 굳기는 5에서 8 사이라고 해요. 굳기가 4인 철보다 단단하죠. 치아에서 에나멜질 안쪽에 있는 시멘트질과 상아질의 강도도 유리와 맞먹을 정도로 단단하고요. 어쨌거나 우리 이는 무척 단단합니다.

이 사실을 알고 나면 음식물을 씹고 으깨서 소화하기 쉽게 만들 때 치아가 얼마나 쓸모 있는지 실감할 수 있어요.

모스 굳기계에 따른 여러 물질의 굳기

다이아몬드	10	**단단하다**
에나멜질(치아)	5 ~ 8	
상아질(치아)	5 ~ 6	
시멘트질(치아)	4 ~ 5	
유리	5	
철	4	
뼈	4 5	
손발톱	2.5	
분필	1	**부드럽다**

치아의 위험성

이토록 단단하기에 치아는 때로 위험합니다. 치아를 쓰면 몸의 다른 어떤 부위보다도 손쉽게 누군가를 상처 입힐 수 있기 때문입니다.

환자를 만나다 보면 동물에게 물린 상처를 진료할 기회가 많습니다. 그중 빈도가 특히 높은 세 가지 동물이 있습니다. 개, 고양이, 사람입니다. 반려동물로 친근한 개와 고양이에게 물리는 사례가 많은 건 그렇다 하더라도 '사람'에게 물리는 건

무슨 경우일까요?

사실 의사와 간호사는 직업 특성상 사람에게 물리는 일이 많은 편입니다. 섬망 환자나 치매 환자에게 의료진이 물리는 사고가 흔히 일어나기 때문입니다.

또 누군가의 얼굴을 때릴 때 상대방의 치아에 주먹이 닿으면 손등에 상처가 생기기도 합니다. 이런 상처도 사람에게 물린 상처에 속해요. 이런 경우에 폭력을 쓴 가해자는 어쩌다 다쳤는지를 숨기고 '그냥 넘어져서 다쳤다'고 얼버무리기도 합니다. 그런데 의사로서는 이 상처가 사람 치아에 의한 것인지, 다른 외상인지를 정확히 판별하는 게 중요합니다. 상처 감염 위험이 전혀 다르거든요.

입안은 우리 몸에서 '가장 지저분한 구역' 중 하나입니다. 엄청난 수의 세균이 존재하거든요. 물린 상처로 살갗이 벗겨지면 세균이 침입해 몸속 깊이 감염이 일어날 수 있습니다. 세균이 온몸에 퍼지면 중환자실에 입원해야 할 정도로 위험해지기도 하고요. 이러한 점도 치아가 위험한 이유가 됩니다.

누군가를 때려서 생기는 물린 상처를, 정확한 의학 용어는 아니지만 '파이트 바이트 인저리(fight bite injury)'라고 부릅니다. 파이트는 싸우다, 바이트는 물다, 인저리는 상처라는 뜻이

한눈에 보는 치아 이름

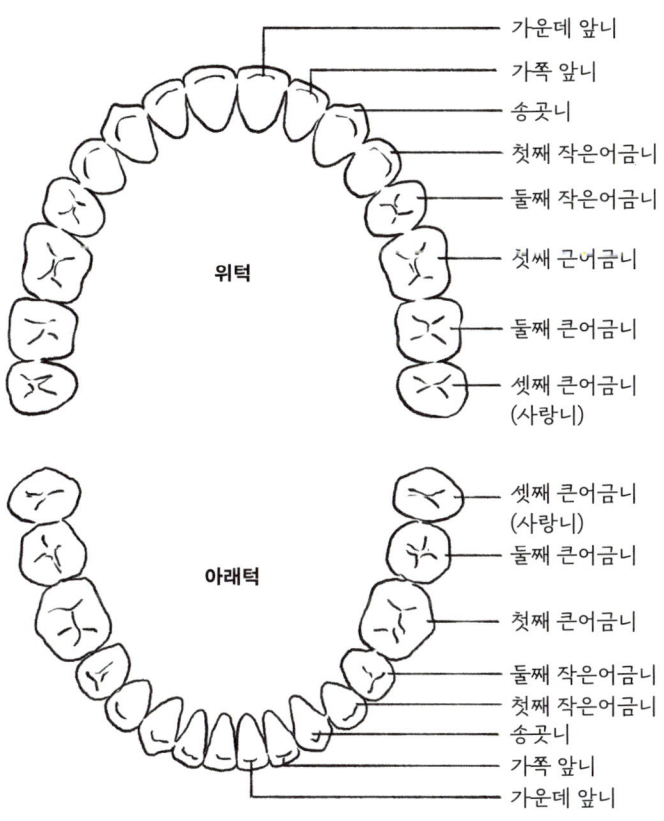

가운데 앞니

가쪽 앞니

송곳니

첫째 작은어금니

둘째 작은어금니

섯쌔 근어금니

둘째 큰어금니

셋째 큰어금니
(사랑니)

위턱

셋째 큰어금니
(사랑니)

둘째 큰어금니

첫째 큰어금니

둘째 작은어금니

첫째 작은어금니

송곳니

가쪽 앞니

가운데 앞니

아래턱

※ 그림 속 왼쪽 치아도 같은 명칭이다.

죠. 이 환자가 어쩌다 다쳤는지를 숨겼다가 때때로 상태가 나빠져 다시 병원을 찾는 상황이 벌어지기도 합니다. 그만큼 물린 상처는 의사가 절대 놓쳐서는 안 되는 위험한 외상입니다.

덧붙이자면 개나 고양이에게 물리면 '카프노사이토파가'라는 세균에 감염될 수 있어요. 개와 고양이 입안에 사는 이 세균이 사람에게 감염되면, 때로 패혈증을 일으키기도 합니다. 패혈증은 병을 일으키는 미생물이 핏속에 들어와 면역이 과도하게 반응해 전신에 염증 반응을 일으키는 무서운 병입니다. 희귀한 경우이긴 하지만, 이렇게 패혈증에 걸리면 치사율이 25퍼센트로 높기 때문에 신속하게 항생제를 쓰지 않으면 목숨이 위태로워질 수 있어요.

동물에게 물린 상처는 대개 작은 구멍이 뚫리는 정도로 상처 부위가 작아서 전문가가 아니면 위험성을 알아차리기 어렵습니다. 그렇지만 이 작은 상처를 틈타서 들어오는 세균은 때론 심각한 병을 일으키고 목숨마저 앗아 갑니다.

무시무시한 '씹는 힘'

치아의 무시무시함은 단단하다는 점 말고도 더 있습니다. 동물은 살벌한 교합력, 즉 '씹는 힘'을 지니고 있거든요. 일반적으로 교합력은 1제곱인치에 가해지는 무게(파운드)로 나타내고, 단위는 프사이(pound per square inch, PSI)를 씁니다.

사람의 교합력은 평균 16프사이, 다시 말해 1제곱인치 (6.4516제곱센티미터-옮긴이)당 약 73킬로그램입니다. 철보다 단단한 물체가 어른 몸무게 이상의 무게로 좁은 면적을 압박한다고 가정하면, 상상을 초월할 정도의 파괴력입니다.

그런데 자연계에는 사람의 교합력 따위는 비교도 되지 않을 정도로 무는 힘이 강력한 생물들이 존재해요. 지구에서 교합력이 가장 강한 동물은 아프리카 대륙에 서식하는 나일악어입니다. 나일악어의 교합력은 5000프사이, 즉 1제곱인치당 약 2.3톤입니다. 참고로 하마는 1800프사이, 고릴라는 1300프사이로, 같은 포유류라도 사람의 열 배 가까운 강력한 교합력을 자랑합니다.

다른 생물을 잡아먹지 않고는 살아갈 수 없는 동물에게 단단한 치아와 강력한 씹는 힘은 생존에 꼭 필요한 덕목입니다.

음식물이 지나는 길에
우회로는 없다

입에서 항문까지

우리 몸에서 음식물이 지나는 길은 입에서 항문까지 쭉 이어져 있습니다. 돌아갈 수 있는 다른 길은 전혀 없죠. 한번 들어서면 도중에 밖으로 나올 수 없는 겁니다. 이건 인체의 엄청난 약점입니다.

왜냐고요? 차를 타고 여행을 간다고 해 봅시다. 고속도로를 타고 가는데, 찻길이 한 줄밖에 없는 거예요. 중간에 출구도 없고, 우회로도 없고, 국도도 없습니다. 앞에 난 길이라고는 오로지 일차선 고속도로뿐입니다. 별다른 사고가 없다면 문제

없을지 몰라요. 하지만 어쩌다 사고가 일어나면 어떻게 될까요? 예를 들어 어떤 차량이 뒤집혀서 도로를 막아 버리면 유일한 차선을 쓸 수 없겠죠. 또 차량 여러 대가 부딪히면 도로가 봉쇄될 수도 있을 거예요.

그러면 사고가 난 지점부터 차가 엄청나게 밀려서 꼬리에 꼬리를 물고 행렬이 이어질 겁니다. 사고가 수습되고 도로가 다시 뚫리기만을 기다릴 수밖에 없겠죠.

현실에서는 단 한 건의 사고로 교통 기능 전체가 마비되지 않습니다. 도중에 국도로 빠져나가거나, 우회로를 찾아서 사고 현장을 피하거나, 고속 철도나 비행기처럼 다른 교통수단을 이용하는 등 해결책을 마련할 수 있으니까요.

그러나 안타깝게도 인체는 '단 한 건의 사고로 교통 기능이 마비되는 구조'로 만들어졌습니다. 그러니 우리 몸은 입에서 항문까지 외길로만 이어져 있다는 점을 잊지 말아요.

인체의 교통 기능 마비

인체에서 교통 기능이 마비되는 건 어떤 상황일까요?

위에 암이 생겨서 위 출구를 막는 현상을 예로 들어 보겠습니다. 위의 출구는 '위뒷문(유문)'이라고 부르는데, 위 중간

부분과 비교하면 상당히 좁은 편입니다. 우리가 먹은 음식이 위로 역류하지 않도록 검문소처럼 막아 주는 역할을 맡은 부위이기 때문이에요.

하필 위암은 위의 출구 가까이에 생기기 쉬워서 종종 위뒷문 근처까지 암이 퍼질 때가 있습니다. 그러면 음식물이 지나지 못해 그 바로 앞에서 엄청난 정체가 생깁니다. 아무리 음식을 먹지 않아도 침이나 위액은 계속 분비되기 때문에 위와 식도가 크게 늘어나고, 심한 구토를 하게 됩니다. 이 상태를 '유

위의 구조

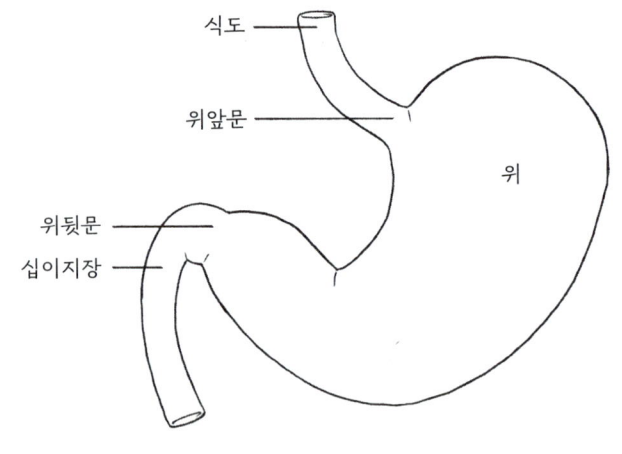

문 협착증'이라 불러요. 위뒷문이 아주 좁아졌다는 것이죠. 마치 우회로 없는 일방통행 도로에서 교통사고가 난 상황과 같습니다.

이렇게 위가 꽉 막히면 상황은 저절로 나아지지 않습니다. 위암에 걸려 유문 협착이 발생하면, 수술로 암을 떼어 내거나 좁아진 부위보다 음식물이 먼저 닿는 앞쪽 위를 아래쪽 소장과 연결하는 '우회 수술'을 합니다. 교통사고 현장에 비유하자면 암을 떼어 내는 수술은 견인차를 불러서 사고 차량을 끌고 가는 방법이고, 우회 수술은 돌아가는 길을 새로 만들어 도로에 차가 다닐 수 있도록 하는 방법인 셈이에요.

때로는 대장에 암이 생겨 대변이 지나는 길을 막기도 합니다. 앞쪽 길에서 엄청난 혼잡이 생겨 대장과 그 앞의 소장은 대변으로 꽉 차 넓어집니다. 배는 빵빵하게 부어오르고, 배변 활동이 이뤄지지 않아 심한 복통과 구토가 발생합니다. 이 상태를 장폐색, 혹은 창자막힘이라고 불러요. 이번에도 길이라고는 하나밖에 없는데 사고가 크게 난 심각한 상황입니다.

대장암으로 생긴 장폐색을 치료하는 데에는 다양한 방법이 있습니다. 첫 번째로는 암을 잘라 내는 수술, 즉 사고 차량을 강제로 치우는 방법이 있죠. 두 번째 방법은 교통사고 현장

바로 옆에 새로운 출구를 내는, 즉 인공 항문을 만드는 수술입니다. 위쪽의 대장을 배 안쪽의 벽을 뚫고 밖으로 꺼내서 대변이 나갈 새로운 출구를 내는 거예요. 두 방법 모두 외과 수술이 필요합니다.

세 번째는 대장 내시경을 사용해 좁아진 대장에 그물망 모양의 관을 끼워 넣고, 안쪽에서 억지로 밀어서 통로를 넓히는 방법입니다. 이 관은 온도에 따라 바뀌는 형상 기억 합금으로 만든 의료 기기로, '스텐트'라고 불러요. 금속 그물망이 암을 집어삼키도록 해서 통로를 넓히죠. 말하자면 사고 차량을 억지로 밀어 놓고, 기계로 콱 찌그러뜨려 다른 차량이 지나갈 수 있도록 공간을 만드는 셈입니다. 갓길에 찌그러진 사고 차량이 남긴 하지만, 일단 도로는 시원하게 뚫리죠. 다시 식사를 할 수 있어 환자의 영양 상태도 좋아집니다.

다만 차와 달리 암은 찌부러진 뒤에도 계속 자라서 언젠가 다시 길을 막습니다. 그래서 환자가 전신 마취 수술을 견딜 정도로 몸 상태가 안정되면 암이 있는 부위를 잘라 내고 스텐트와 함께 몸 밖으로 끄집어냅니다.

대장암 수술은 어떻게 하냐고요? 암이 생긴 부위의 대장을 자르고 끄집어냅니다. 스텐트 수술을 한 뒤에 배를 가르고 대장을 열어 스텐트를 빼 보면, 석쇠로 구운 자국이 남은 스테이크처럼 격자무늬로 눌린 꺼림칙한 종양을 직접 볼 수 있습니다. 찌그러뜨려도 그 안에서 암세포를 불려서 야금야금 성장하는 모습이 참 끔찍하죠.

참고로 일본인이 가장 많이 걸리는 암 1위는 대장암이고, 위암은 3위입니다.(2022년 보건복지부 자료에 따르면 한국에서는 대장암이 2위, 위암이 4위다. - 옮긴이) 하필 하나로 쭉 이어진 길에 암이 잘 생긴다니, 정말 반갑지 않은 소식이죠.

대장 스텐트

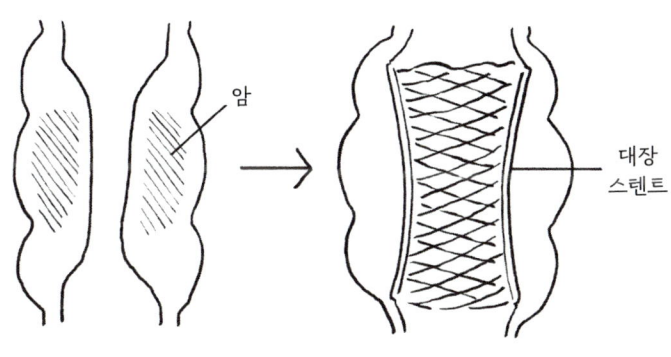

암

대장
스텐트

다양한 스텐트 시술

'스텐트'는 우리 몸에 나 있는 다양한 '길'을 교통정리 해 주는 도구를 아울러 부르는 말이에요. 어디서 나온 말인지는 여러 설이 있는데, 영국의 치과 의사 찰스 스텐트의 이름에서 따왔다는 설이 가장 유력하다고 알려져 있어요.

스텐트는 여러 종류가 있어요. 앞서 살펴본 대장암에 쓰는 스텐트는 '대장 스텐트'라고 부릅니다. 그 밖에도 오줌이 다니는 요관에 쓰는 '요관 스텐트', 쓸개에 쓰는 '쓸개관 스텐트'가 있죠.

그중에서도 일반적으로 널리 알려진 건 아마 심장을 둘러싼 관상 동맥에 쓰는 스텐트일 겁니다. 관상 동맥은 심장을 둘러싸고 있는 혈관인데, 이 혈관의 통로가 좁아지면 협심증, 심근 경색과 같은 심혈관 질환에 걸립니다. 그래서 좁아진 혈관에 스텐트를 넣고 통로를 넓혀서 피가 정상적으로 흐르도록 해 주죠.

관상 동맥이 막혔을 때 돌아가는 길을 내는 수술을 하기도 합니다. 이 수술도 '우회로 수술' 중 하나입니다. 말 그대로 우회로를 새로 내는 기법이죠.

어찌 되었든 우리 몸에는 다양한 길이 사방으로 뻗치고 얽혀 있고, 이 길에서 종종 사고가 생겨납니다. 이러한 교통사고에 대처하기 위해 의학은 갖가지 방법을 찾아 적용하며 의료 기술을 발전시켜 왔습니다.

들숨과 날숨의 차이

사실 이산화 탄소는 아주 적다

'호흡'이 뭐냐는 질문을 받으면, 막연히 산소를 마시고 이산화 탄소를 내뱉는 활동이라고 이야기하는 사람이 많을 거예요. 또는 식물은 이산화 탄소를 흡수하고 산소를 내보내며 반대로 동물은 산소를 마시고 이산화 탄소를 내보낸다고 아는 사람도 많을지 모릅니다.

그런데 호흡하며 이산화 탄소를 내뿜는 것이 사실이라면 뭔가 이상합니다. 심장이 멈춰서 쓰러진 사람에게 인공호흡을 해 줄 때 산소가 아닌 이산화 탄소를 넣어 주는 것이니까요.

산소가 부족한 환자에게 이산화 탄소를 불어 넣어서 그 사람을 살릴 수 있을까요?

물론 그럴 리 없습니다. 우리는 산소를 들이마시고 이산화 탄소를 내보내는 방식으로 호흡하지 않거든요.

마시는 숨을 '들숨', 내뱉는 숨을 '날숨'이라고 하죠. 그렇다면 들숨과 날숨이 무엇으로 이루어져 있는지 살펴봅시다. 우리는 대기 중에 있는 공기를 들이마시니, 들숨은 당연히 대기와 같은 성분으로 이루어져 있습니다. 즉 질소가 70퍼센트, 산소가 21퍼센트, 이산화 탄소가 0.03퍼센트입니다.

그렇다면 날숨은 어떨까요? 알고 보면 날숨도 질소가 약 78퍼센트로 가장 높은 비율을 차지합니다. 산소는 17퍼센트, 이산화 탄소가 4퍼센트이죠. 이렇게 비교해 보면 들숨과 날숨의 성분은 크게 다르지 않아요. 우리 동물은 들이마신 공기 중에서 아주 일부의 산소를 이용하고, 나머지 대부분을 배출하는 작업을 반복합니다.

호흡은 생각보다 얕다

지금도 여러분은 무의식적으로 공기를 마시고 내뱉고 있습니다. 언제나처럼 마시고, 뱉고, 마시고, 뱉고… 거듭하다가 한번 들이마신 뒤에 호흡을 멈춰 보세요. 이제 여기서 숨을 더 들이마셔 봅시다. 최대한 들이마셔 보면 생각보다 훨씬 많이 들이마실 수 있다는 사실을 알게 될 거예요. 우리는 평소에 최대로 들이킬 수 있는 양보다 훨씬 적게 숨을 들이마시고 있는 것이죠.

반대로도 실험해 볼까요? 이번에는 마시고, 뱉고, 마시고, 뱉고를 반복하다 숨을 뱉은 후에 멈추어 봅시다. 여기서부터 과연 얼마나 더 내쉴 수 있을까요? 역시나 생각보다 내쉴 숨이 더 남아 있을 거예요.

지금까지의 실험으로 우리는 평소에 생각보다 '여유 있게' 숨을 쉰다는 걸 알 수 있습니다.

자연스럽게 호흡할 때 드나드는 공기의 양을 '1회 환기량'이라고 하는데요, 말 그대로 1회 호흡으로 환기되는 용량이라는 뜻입니다. 건강한 성인은 1회 환기량이 500밀리미터 정도 됩니다. 매번 작은 페트병 한 개 분량의 공기를 들이마시고 내뱉는다는 말이죠.

한편 500밀리미터를 들이마신 시점부터 다시 들이마실 수 있는 양을 '예비 흡기량'이라 부릅니다. 양에는 개인차가 있는데, 대략 2~3리터 정도입니다. 앞선 실험에서 '의외로 숨을 꽤 많이 들이마실 수 있잖아?'라고 생각한 사람이 많을 텐데, 예비 흡기량은 1회 환기량의 4배가 넘으니 상당한 양이 맞아요.

반대로 500밀리리터를 내뱉은 시점부터 다시 내쉴 수 있는 양을 '예비 호기량'이라 부릅니다. 예비 호기량은 약 1리터예요. 1회 환기량의 2배 정도이죠. 앞선 실험을 떠올려 보세요. 생각보다 내쉴 수 있는 숨이 남아 있지만, 들이마실 때보다 여유가 적다고 느끼진 않았나요?

여러분은 '최대한 들이마신 정도'와 '최대한 내쉰 정도'를 모두 경험했습니다. 최대 흡기위부터 최대로 들이마시고 최대로 내쉰 공기의 양이 '폐활량'입니다. 최대한 들이마신 후에 어느 정도 내쉴 수 있는지를 나타내는 수치이죠. 폐활량은 일상 대화에서도 자주 썼던 말이죠? 이 기회에 의학적인 정의를 알아 둡시다.

중요한 점이 한 가지 더 있습니다. 최대한 내쉰 상태에 도달했더라도 폐 안의 공기가 모조리 배출되지는 않는다는 사실입니다. 이때 남은 공기의 양을 '잔기량'이라 불러요. 약 1.5리터 정도 되죠. 땅이 꺼지도록 한숨을 내쉬어 모든 공기를 내뱉은 기분이더라도, 아직 상당한 양의 공기가 여러분의 몸속에 남아 있습니다.

여담이지만 제가 어린 시절 처음 스노클을 쓰고 수영했을 때 머리를 스쳐 지나간 궁금증이 있습니다. 스노클 관을 길게 만들면 어느 정도 깊이 잠수해도 계속 호흡할 수 있지 않을까 하는 것이었죠. 물론 불가능한 일입니다. 여러분이라면 그 이유를 짐작할 수 있을까요?

500밀리리터 공기가 들어갈 수 있는 긴 관을 준비했다고 가정해 봅시다. 딱 1회 환기량과 같죠. 이때 평소대로 호흡하면 관 안의 공기만 몸 안팎을 드나들고, 신선한 공기는 거의 들어오지 않습니다. 또 관의 용량을 폐활량과 같은 4리터 정도로 키우면 가슴이 뻐근할 정도로 힘껏 들이마시고 내뱉어도, 관 안의 공기만 오갈 거예요. 눈 깜짝할 사이에 산소를 다 써 버려 산소 부족이 되겠죠.

물론 문제는 이것만이 아닙니다. 깊이 잠수하면 할수록 수압이 강해져 가슴을 누르고, 그러면 폐가 쪼그라들어 호흡을 할 수 없거든요. 더 이야기가 복잡해지기 전에 다음으로 넘어가 봅시다.

폐활량

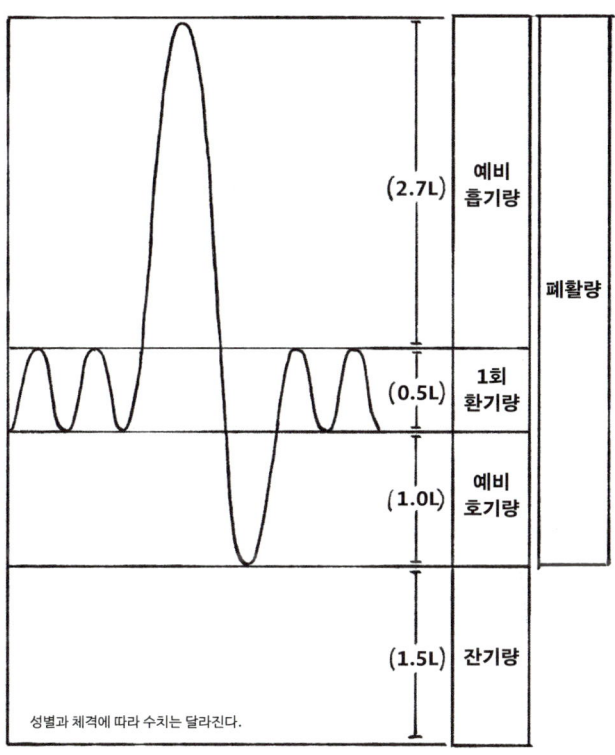

(2.7L) 예비 흡기량

(0.5L) 1회 환기량

(1.0L) 예비 호기량

(1.5L) 잔기량

폐활량

성별과 체격에 따라 수치는 달라진다.

호흡이라는 비효율적인 작업

애초에 우리는 왜 호흡할까요? 물론 온몸의 장기가 일하려면 산소가 필요하기 때문입니다. 또 에너지를 생성하는 과정에서 나온 노폐물, 이산화 탄소를 배출하기 위해서입니다.

폐에는 '폐포(허파꽈리)'라고 부르는 아주 작은 주머니가 꽉 들어차 있는데, 이 주머니는 약 3억에서 5억 개나 됩니다. 폐포의 표면적을 모두 합치면 100~140제곱미터에 이르며, 이 정도면 테니스장 절반에 해당하는 크기입니다. 폐포 주위를 둘러싼 무수한 모세 혈관은 산소를 받아들이고 이산화 탄소를 배출합니다. 이 현상을 '가스 교환(기체 교환)'이라고 불러요. 산소와 이산화 탄소라는 두 가지 '가스'를 '교환'하는 과정이기 때문입니다. 산소는 피를 타고 온몸으로 운반되고, 회수된 이산화 탄소는 폐로 돌아옵니다.

그런데 입에서 폐포까지 가는 길은 꽤 고됩니다. 입안과 콧속, 목구멍, 숨이 드나드는 기관 등 통로 기능은 해도 가스 교환에는 이바지하지 않는 영역이 상당히 넓거든요. 이 영역을 '죽은 공간'이라고 부릅니다.(정확히는 '해부학 죽은 공간'이에요.) 성인의 죽은 공간 용량은 약 150밀리리터나 됩니다. 1회 호흡으로 들이마시는 500밀리리터의 공기 전부가 가스 교환

대단한 의학

에 쓰이진 않는 거죠. 꽤 낭비가 큰 구조입니다.

게다가 우리 몸은 1분 동안 약 250밀리리터의 산소를 소비해 에너지를 만들어 내고, 계속해서 호흡하지 않으면 약 2분 만에 산소가 바닥납니다. 몸에 충분한 산소를 비축해 둘 공간도 없고요. 마치 영원히 바윗돌을 굴려야 하는 시시포스처럼 잠시도 쉴 수 없습니다.

호흡이라는 행위는 상상 이상으로 효율이 떨어지는 작업입니다. 식사는 하루에 세 번이면 충분하지만, 호흡은 하루에 2만 5000번이나 해야 하니까요.

산소 부족이라는 공포

1992년 8월 10일, 일본의 어느 대학교에서 두 남성이 혈액에 산소가 부족해 생기는 '저산소 혈증'으로 사망했습니다. 어쩌다 이런 끔찍한 사고가 발생한 걸까요?

두 사람은 그날 연구실의 냉각 장치가 고장 난 바람에 실험실의 온도가 올라가 버릴까 걱정했습니다. 얼음을 이용하는 연구 중이었거든요. 실내 온도를 낮추는 게 급선무였죠. 그래서 실험실에 남아 있던 액체 질소를 뿌리기로 결정했습니다.

20제곱미터도 되지 않는 작은 연구실에 뿌려진 대량의 액체 질소는 빠르게 기화되었습니다. 예상대로 실내 온도는 낮아졌지만 거기에 멈추지 않고, 기체가 된 질소가 실내 공기를 아주 빠른 속도로 대체했습니다. 산소 농도가 급격히 떨어진 탓에 피해자들은 순식간에 의식을 잃었고 안타깝게도 결국 사망하고 말았습니다.

인간은 산소 부족에 매우 약한 존재입니다. 산소 농도가 낮은 환경에 놓이면 즉시 생명의 위기를 마주하죠. 대기 중의 산소 농도는 약 21퍼센트인데, 이 수치가 16퍼센트 이하로 떨어지면 두통과 구역질 같은 증상이 나타나며 6퍼센트 이하로 내려가면 순간적으로 의식을 잃고 호흡이 멈춰 사망에 이르게 됩니다.

산소가 결핍되기 쉬운 현장에서 일하는 사람들이 위험에 노출될 확률이 높습니다. 특히 맨홀 안처럼 장시간 물이 고여 있는 반쯤 밀폐된 공간에서는 오수 속의 세균이 산소를 소비해서 산소 농도가 비정상적으로 떨어지기도 합니다. 이런 공간에서는 겨우 한 호흡만으로도 의식을 잃고, 그대로 사망에 이를 수 있어요.

따라서 이러한 위험한 현장에서는 반드시 작업자들을 교육하고 작업 관리 책임자를 지정해야 합니다. 또 현장에서 산소 농도를 계속 측정하여 18퍼센트 이상을 유지해야 합니다. 산소 농도에 관해서는 이처럼 까다로운 규정을 지켜야 할 정도로 '인체의 수비 범위'가 좁습니다.

죽기 직전까지 멈추지 않는 호흡

시신이 물속에서 발견되었을 때 익사로 인한 사망인지, 아니면 다른 원인으로 사망한 후 물속에 빠졌는지를 어떻게 구별할 수 있을까요?

알기 어려울 거 같지만, 사망 원인을 구별하는 몇 가지 방법이 있어요. 우선 익사한 시신에만 드러나는 특징이 있습니다. 입과 코, 기관 안에 하얗고 자잘한 거품이 생긴다는 거죠. 물속에 빠지면 사망하기 직전까지 몸은 필사적으로 호흡하려고 애쓰고, 이 과정에서 물이 기관 안으로 쏟아져 들어왔다 나가기를 반복합니다. 이때 공기가 작은 거품이 되어 기도에 가득 차게 됩니다. 반대로 이미 사망한 상태에서 물속으로 옮겨졌다면, 호흡이 정지한 상태이기 때문에 이러한 현상이 발생하지 않습니다.

몸속에 플랑크톤이 들어왔는지 여부를 확인하는 것도 익사 여부 판단에 도움이 됩니다. 물속에서 호흡 운동을 통해 기도로 들어온 플랑크톤은 그대로 혈류를 타고 몸 안을 돌아다닙니다. 죽은 뒤에 폐와 콩팥 같은 장기에서 플랑크톤이 발견된다면 '물속에 있을 때 아직 살아 있었다'는 사실을 보여 주는 증거가 됩니다. 호흡과 혈액 순환이 마지막 순간까지 이루어졌다는 의미거든요.

마찬가지로 시신이 화재 현장에서 발견되었을 때 불에 타서 사망했는지, 아니면 사망한 후 불탔는지를 구분할 때도 호흡 운동이 비밀을 푸는 열쇠가 됩니다.

예를 들어 기관 안에 검댕이 있다면 죽기 직전까지 호흡이 계속되어 그을음이 기관지 안쪽까지 흡입되었다는 증거입니다. 또 입안과 목구멍 점막에 남은 화상 흔적도 화재로 사망한 이들에게 보이는 특징입니다. 마지막 순간까지 호흡하며 고온의 기체를 들이마셨기 때문이죠. 이러한 흔적은 안구에 남은 그을음에서도 확인됩니다. 연기가 자욱한 중에도 눈을 뜨고 있었기에 화재 현장에서 살아 있었다고 추측할 수 있는 근거가 됩니다.

혈액 속 '일산화 탄소 헤모글로빈 농도'가 상승해 있는 현상도 화재 사망자의 시신에서 나타나는 대표적인 특징입니다. 화재 현장에서 들이마신 고농도의 일산화 탄소는 핏속에 흡수되고, 적혈구 안에 있는 헤모글로빈과 차례차례 결합합니다. 그러면 일산화 탄소에 중독을 일으키는데, 더 자세하게는 5장에서 설명하겠습니다. 어쨌든 혈액 속에서 일산화 탄소와 결합한 헤모글로빈 농도가 높게 나타나면 화재 당시 '아직 혈액이 순환하고 있었음'을 증명할 수 있어요.

이처럼 사망 후에는 발생하지 않고, 살아 있는 인체에서만 발생하는 현상을 '생활 반응'이라고 합니다. 익사, 화재 사망, 시신 유기 및 시신 훼손 여부를 판단할 때 몸에 생긴 변화가 생전에 발생한 것인지 사후에 발생한 것인지는 사건 해결의 중요한 단서가 됩니다. 의학에서도 특히 '법의학'이라는 분야의 지식입니다.

훌륭하고도 복잡한
목의 구조

'사망 원인 6위'에 오른 의외의 병

2021년 일본의 사망 원인 순위를 보면 1위가 25퍼센트를 차지하는 암입니다. 그리고 그 뒤를 심장병과 노화 같은 우리가 익히 아는 병들이 차지하고 있습니다. 그런데 그중에서도 비교적 잘 알려지지 않은 병이 있으니, 6위를 차지한 '흡인성 폐렴'입니다.

사전에 '빨아들임'이라는 뜻으로 나오는 '흡인'은 일상에서는 거의 쓰지 않는 말입니다. 비슷하게 들리는 '흡입'과 헷갈릴 수도 있겠어요.

'흡인성 폐렴'이라는 병을 이해하기 위해 여기서 '흡인'이 무얼 의미하는지 먼저 살펴볼까요. 음식물이 공기가 지나가는 길, 그러니까 기도로 잘못 흡인되는 걸 말합니다. 이물질이 들어가서 폐렴이 생기는 것이죠.

평소 인식하지 못하지만, 우리 몸은 같은 입구로 들어온 공기와 음식을 어느 지점에서 두 갈림길로 나누어 보내는 복잡한 과정을 매 순간 해내고 있습니다. 목 안에는 공기가 지나가는 길과 음식이 지나가는 길이 따로 나뉘어 있어서, 우리가 음식을 삼킬 때는 기도로 가는 입구의 덮개가 자동으로 닫히고 음식은 식도로만 넘어갑니다. 이 덮개를 '후두덮개'라고 부릅니다.

여러분이 친구와 밥을 먹을 때를 떠올려 볼까요? 숨을 쉬면서 동시에 친구와 대화도 하고, 음식을 입에 넣고, 물도 마십니다. 말하고 먹고 마시는 동안 목 안에서는 아주 복잡한 과정이 부지런히 일어납니다. 말하면서도 음식과 공기를 구분해 저마다 맞는 길로 보내는 걸 보면, 참으로 놀랍고 정교한 구조라는 생각이 듭니다.

그런데 만약 음식이 기도로 잘못 넘어가면 어떻게 될까요? 누구나 살면서 한두 번쯤 겪어 봤을 거예요. 사레가 심하게 들

후두덮개와 그 주변

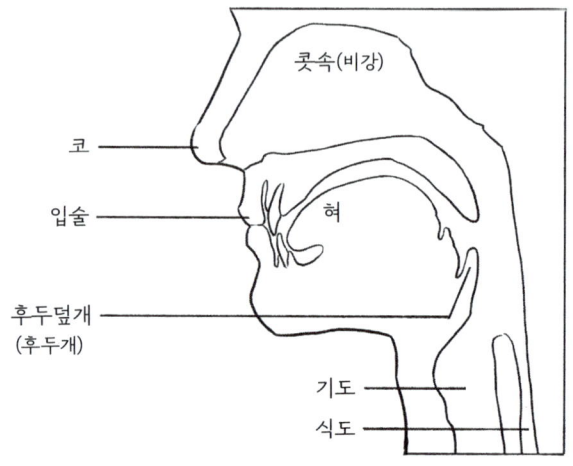

콧속(비강)

코

입술

혀

후두덮개
(후두개)

기도

식도

어서 요란하게 기침을 하고 한참을 고생하죠. 이건 우리 몸이 기도에 들어간 이물질을 내보내려고 하는 자연스러운 반사 반응입니다.

젊고 건강한 사람이라면 이런 상황도 별 탈 없이 지나가지만, 나이 지긋한 어르신의 경우엔 사정이 다릅니다. 나이가 들면 이런 이물질을 내보내는 힘도 약해지고, 음식을 삼키는 힘도 줄어들면서 공기와 음식물을 구분하는 과정에서 실수가 더 자주 생깁니다. 그러다 보면 음식물에 섞인 세균이 폐까지 들어가 폐렴을 일으킬 수 있어요. 심해지면 생명까지 위태로워지기도 합니다. 이렇게 생기는 폐렴이 '흡인성 폐렴'입니다.

공기와 음식이 한길로 들어오는 우리 몸의 구조는 참으로 효율적인 동시에 위험을 감수해야 하는 숙명을 타고났습니다.

가장 무시무시한 '후두개염'

입구에서 든든히 기도를 보호하는 고성능 뚜껑, 후두덮개. 간단히 후두개라고도 하는 후두덮개는 우리가 식사를 할 때 없어서는 안 되는 소중한 존재입니다. 갑자기 어떤 이유로 이 덮개가 닫혀 버리면… 질식해서 생명을 잃을 수 있어요.

이러한 후두덮개가 심하게 부어올라 숨통을 막아 버리는 병을 '급성 후두개염'이라고 합니다. 목에 생기는 병 가운데 가장 무시무시하고, '앗' 하는 사이에 목숨을 앗아 갈 수 있는 병이죠.

아무리 입을 크게 벌려도 후두덮개는 보이지 않기 때문에 얼마나 부어올랐는지를 의사가 직접 관찰할 순 없습니다. 그래서 "목이 아파서 침도 못 삼키겠어요."라고 말하는 환자를 만나면 의사는 단순한 감기나 인두염인지, 급성 후두개염인지를 구별해야 합니다. 만약 급성 후두개염일 가능성이 있으면 즉시 정밀 검사와 항생제 치료가 필요하거든요.

이 병은 지금까지 수많은 어린이를 호흡 곤란에 빠뜨리고 목숨을 앗아 갔습니다. 급성 후두개염을 일으키는 원인의 열에 아홉은 'B형 헤모필루스 인플루엔자'라는 세균입니다. 이름에 '인플루엔자'가 들어 있어서 계절성 독감처럼 생각하기 쉽지만, 우리가 흔히 말하는 독감의 원인인 '인플루엔자 바이러스'와는 전혀 다릅니다.

다행히 최근에는 이 병에 걸리는 어린이가 많이 줄었습니다. Hib 백신 덕분이죠. Hib는 'B형 헤모필루스 인플루엔자 백신'의 영어 머리글자를 딴 이름입니다. 요새는 아이가 어릴 때부터 이 백신을 접종시키다 보니 이제 급성 후두개염은 오히려 어른에게서 더 자주 발견됩니다.

Hib 백신은 소아에게 치명적인 수막염 예방에도 엄청난 위력을 발휘합니다. 이 백신이 나오기 전, 일본에서는 매년 약 1000명이 세균성 수막염에 걸렸고, 그중 약 60퍼센트가 B형 헤모필루스 인플루엔자 세균 때문이었습니다. 환자 2~5퍼센트가 사망하고, 약 30퍼센트는 뇌에 장애가 남는 무서운 병이죠. 다행히 이제는 백신을 널리 접종하는 덕분에 세균성 수막염이 99퍼센트나 줄어들었습니다. 지금은 병원에서 거의 찾아볼 수 없는 병이 되었죠.

Hib 백신이 세상에 나온 덕분에 무수한 아이들이 목숨을 지켰으니, 의학이 만들어 낸 기적이라고 할 수 있습니다.

목소리를 잃을 위험을 안고

후두암 수술을 받은 환자들은 목에 스카프를 두르거나 목까지 올라오는 옷을 입고 다니기도 합니다. '기관루'라는 숨구멍을 가리기 위해서죠.

후두는 공기와 음식을 선별하는 길목일 뿐 아니라, 발성을 담당하는 성대가 자리한 곳이기도 합니다. 공기가 성대를 통과하며 떨리면 이 진동이 말소리가 됩니다. 후두암이나 다른 병을 치료할 때는 후두 전체를 떼어 내는 수술이 필요하기도 합니다. 이 수술을 받으면 목 앞쪽에 구멍을 뚫고, 기관을 바깥쪽에 연결해 새로운 숨길을 만듭니다. 이 구멍이 바로 앞서 말한 기관루이죠.

이 수술을 받으면 입과 코로 숨을 쉴 수 없게 되고, 기도와 식도가 완전히 분리됩니다. 그 덕분에 음식물이 폐로 넘어가는 사고는 거의 없는 대신 성대를 잃게 됩니다.

우리가 평소에 정교한 말소리를 낼 수 있는 건 기도와 식도가 입구를 함께 쓰기에 가능합니다. 이 신체 구조 덕분에 인류는 말로 의사소통을 하고 문화를 발전시켰지만, 나이가 지긋해지면 다름 아닌 이 구조 때문에 흡인성 폐렴과 같은 위험을 안고 살아야 한다니 참 역설적입니다.

술에 약한 건 유전이다

에탄올과 메탄올

2013년 9월, 체코에서 보드카와 럼주 등을 마신 사람들이 잇따라 건강 이상을 호소하다가 40명 넘게 사망하는 일이 있었습니다. 시력을 잃는 심각한 증상을 보인 사람도 있었고, 부상자가 거듭 생겨 피해가 대단했습니다. 원인은 바로 메탄올 중독이었어요.

메탄올은 알코올의 한 종류입니다. 원래 '알코올'은 탄소와 수소로 이루어진 화합물에서 하나의 수소 원자를 하이드록시기(-OH)로 바꾼 물질을 아울러 이르는 말이에요. 메탄올, 에탄올, 프로판올 등 여러 종류가 있죠.

사람들이 술을 알코올이라고 부르는 경우가 많아 오해하기 쉽지만, 보통 술에 들어 있는 알코올은 에탄올입니다. 에탄올은 우리 중추 신경계에 영향을 주어 '취했다'는 느낌을 줍니다. 적당히 마시면 큰 문제가 없지만, 과하게 마시면 생명을 위협할 수 있어요. 한마디로 말해 '에탄올은 사람이 마셔도 괜찮은 알코올'입니다.

반면, 메탄올은 사람에게 매우 해로운 맹독입니다. 이름은 비슷해도 에탄올과 전혀 다른 물질이죠. 몸에 들어오면 두통과 구토, 복통 같은 증상을 일으키고 신경계에 손상을 줍니다. 시각 장애를 유발하며 심하면 실명에 이르죠. 의과 대학 수업에서도 이 메탄올의 위험성은 꼭 기억하라고 강조할 정도입니다. 메탄올은 '메틸 알코올'이라고도 부르는데, 아주 적은 양으로도 죽음에 이를 수 있는 무시무시한 물질입니다.

앞서 말한 체코 사건에서는 메탄올이 들어간 술이 시장에 유통되었습니다. 마트나 매장에서 저렴한 술을 사서 마신 사람들이 비극적인 희생자가 되었죠. 당시 이 술을 만든 두 사람은 감옥에 평생 갇히는 종신형을 받았습니다.

몸에서 술이 분해되는 과정

우리 몸에는 술을 분해하고 필요하지 않은 물질은 몸 밖으로 내보내는 시스템이 마련되어 있습니다. 그리고 이 과정에서 막중한 역할을 맡은 장기가 바로 간입니다.

우리가 술을 마시면 위와 소장에 흡수된 에탄올은 간으로 이동합니다. 그러고는 먼저 알코올 분해 효소에 의해 '아세트알데하이드'라는 성분으로 분해되고, 이 아세트알데하이드는 다시 우리 몸에 해롭지 않은 아세트산으로 변합니다. 아세트산은 쉽게 말해 식초입니다. 마지막으로 아세트산은 이산화탄소와 물로 분해되어 몸 밖으로 빠져나갑니다.

반면, 메탄올은 분해되면서 '포름알데하이드'를 거쳐 '폼산'으로 바뀝니다. 이 폼산은 우리 몸에 해로운 산성 물질로, 몸 안에 쌓여 여러 장기에 손상을 줍니다. 그래서 메탄올을 먹은 사람들이 숨지거나 장애를 입은 거예요.

에탄올을 마신 다음 숙취가 오는 이유는 중간물질인 아세트알데하이드가 몸에 쌓이기 때문입니다. 간에서 처리하기 어려울 정도로 술을 많이 마시면 분해하지 못한 아세트알데하이드가 몸을 돌아다니며 두통과 메스꺼움 같은 증상이 오래가게 하죠.

몸에서 술을 분해하는 효소가 얼마나 잘 작용하는지는 부모에게 물려받은 유전자의 형태에 달려 있습니다. 그래서 술이 센 사람이 있고, 술에 약한 사람이 생기는 거예요. 술에 약한 사람은 효소가 잘 활성화되지 않거나, 효소가 없습니다. 즉, 술을 얼마나 잘 마시냐는 타고난 유전자가 결정합니다. 따라서 '술은 마시다 보면 는다'는 말은 과학적으로 맞지 않습니다. 거짓말이죠.

메탄올의 중간물질인 폼알데하이드는 물에 녹이면 '포르말린' 용액이 됩니다. 생물 표본을 만들 때 썩는 것을 방지하고 형태를 고정하기 위해 쓰는 물질이에요. 여러분도 학교 과학실에서 포르말린에 담긴 표본을 봤을 수 있겠어요.

참고로 포르말린은 저 같은 외과 의사가 매일 같이 사용하는 액체입니다. 수술에서 잘라 낸 조직이나 장기를 그냥 방치하면 순식간에 썩기 때문에 최대한 빠르게 포르말린에 담가야 하거든요. 이처럼 포르말린으로 조직의 변화를 완전히 멈추는 과정을 '고정'이라 부릅니다. 고정된 조직과 장기는 환자의 몸 기능과 병 사이의 관계를 연구하는 병리학자에게 전해집니다. 임상 병리사는 현미경으로 조직이나 장기를 관찰하고는 병을 진단하죠. 환자를 어떻게 치료할지 그 방법을 좌우하는 매우 중요한 과정입니다. 그러니 포르말린은 병원에서 없어서는 안 되는 액체이죠.

사실 수술이나 병리 진단을 하지 않더라도 의사라면 누구나 포르말린 특유의 코를 찌르는 냄새를 잘 알고 있습니다. 의대 해부학 수업에서 포르말린으로 고정된 시신을 두고 해부 실습을 한 경험이 있을 테니까요.

에탄올과 메탄올의 차이

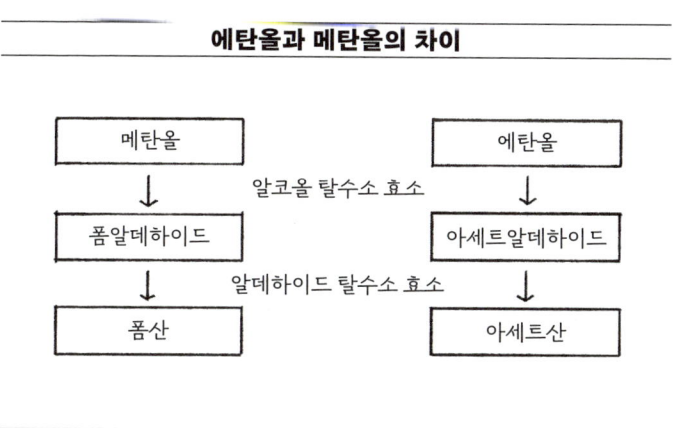

술 마시면 얼굴이 빨개지는 현상

술을 조금만 마셔도 얼굴이 빨갛게 달아오르는 사람들이 있죠? 술을 마셔서 얼굴이 붉게 달아오르는 반응을 의학 용어로는 '홍조'라고 합니다. 그리고 술을 적게 마셔도 이런 홍조 반응이 나타나는 질환을 '알코올 불내증'이라고 부르죠.

홍조 현상이 일어나는 건 아세트알데하이드를 분해하는 효소가 부족하거나, 아예 없어서 분해가 느리기 때문입니다. 유독 동아시아 사람들에게 이 효소가 부족한 경우가 많죠. 그래서 이렇게 술만 마시면 얼굴이 붉어지는 현상을 '아시안 플러시 증후군'이라고 부르기도 합니다.

특히 일본인은 세계적으로 보아도 다섯 손가락 안에 꼽힐 정도로 아세트알데하이드 분해 효소가 적은 경우가 많습니다. 비율로 보면 40~50퍼센트에 이르죠.(한국의 경우, 2021년 국립보건원 조사에 따르면 29.1퍼센트였다고 한다. – 옮긴이) 그만큼 동아시아에는 '술에 약한 사람'이 많습니다.

이 알코올 분해 효소가 잘 작용하지 않는 사람도 긴 시간 습관적으로 술을 마시면 몸에 내성이 생깁니다. 그러면 불쾌한 증상이 잘 느껴지지 않아 술이 세진 것만 같지요. 하지만, 효소 작용이 활발해진 것이 아니다 보니 몸에 아세트알데하이드가 쌓이기 쉽다는 사실은 변하지 않습니다.

음주는 식도암을 일으키는 가장 큰 요인 중 하나입니다. 특히 술을 마신 후에 홍조가 나타나는 사람은 식도암에 걸리기 쉽다고 알려져 있어요. 술을 아주 조금만 마셔도 얼굴이 빨개지거나, 술을 마시기 시작하고 1~2년 정도는 얼굴이 붉어지는 체질이었다는 사람은 알코올 불내증일 가능성이 큽니다.

어느 정도의 술이 자기 몸에 적당한지는 사람마다 다릅니다. 그러니 술에 약한 몸인데도 무작정 술을 많이 마시는 습관은 바람직하지 않겠죠.

'심장이 멈춘다'는 건
어떤 의미일까?

드라마 속 아쉬운 장면들

의학 드라마를 보다 보면 의학적으로 어색하거나 부자연스러운 표현이 눈에 밟힐 때가 있습니다. 의사 특유의 직업병일지도 모르겠습니다. 괜히 꼬치꼬치 따지고 싶지는 않지만, 사실과 너무 다른 장면이 자주 보이다 보니 이번 기회에 한번 짚어 보려 합니다.

의학 드라마에 빠지지 않고 등장하는 단골 장면이 심폐 소생술입니다. 심정지가 일어난 환자에게 드라마 주인공이 "환자분, 정신 차리세요!"라고 외치며 필사적으로 심장 마사지를 시행합니다. 그리고 열에 아홉은 제세동기로 전기 충격을 주는 장면이 이어지죠. 가슴에 진극 두 개를 붙이고 스위치를 누르면 큰 충격과 함께 환자의 몸이 크게 들썩이는 연출도 빠지지 않습니다.

이런 장면에서 흔히 있는 옥에 티가 심장의 활동을 보여주는 심전도 모니터에 맥이 전혀 없는 평평한 일직선이 나오는 경우입니다.

심장 박동이 완전히 없어지고 심장이 완벽하게 멈춘 상태를 '심정지'라고 부릅니다. 심장을 이루고 있는 근육이 꼼짝도 하지 않고, 심장 안을 지나는 전기 신호를 심전도로 알아챌 수도 없습니다. 말 그대로 심장이 조용하게 멎은 상태인 것이죠.

현실에서는 이 심정지 상태에서는 제세동기 사용이 아무런 효과도 없습니다. 실제 의료 현장에서는 하지 않는 조치이죠. 심전도 모니터가 수평선을 그릴 때 전기 충격을 가하는 건 드라마에서나 일어나는 일입니다. 그렇다면 도대체 언제 제세동기를 사용하는 걸까요?

'심정지'는 하나의 상태가 아니다

심정지라고 하면 심장이 완전히 멎은 상태만 가리키는 것

같겠지만, 사실 그렇지 않습니다. 앞서 설명한 대로 심장이 완전히 움직임을 멈추고, 전기적 활동도 하지 않는 상태는 완전한 '심실 무수축'입니다. 심실 무수축 말고도 심정지에 해당하는 상태는 더 있어요.

심장이 제대로 뛰지 못하고, 가늘게 떨리는 상태인 '심실 세동', 심장에 전기 신호가 정상적으로 가지 않아 엄청나게 빨리 뛰는 '무맥성 심실 빈맥', 심장에 전기 신호는 있지만 맥박은 없는 '무맥성 전기 활동'과 같은 상태가 있습니다.

용어가 어렵다는 것 외에도 공통점이 있다면, 심장이 정상적으로 뛰지 않고 온몸에 피가 전혀 공급되지 않는다는 점입니다. 어떤 경우는 심장이 미세하게나마 움직이고 있기도 하지만, 심장이 해야 할 펌프 역할을 하지 못하기에 결과적으로는 '멈춘 것과 같은 상태'로 분류됩니다. 그래서 모두 심정지라고 일컫는 거예요.

이러한 심정지 상황에서는 뇌에 피가 공급되지 않아서 즉시 의식을 잃습니다. 다른 장기들도 차례차례 활동을 멈추죠. 그야말로 죽음이 코앞까지 닥친 상태입니다.

각각의 상태를 조금 더 자세히 살펴보면, '무맥성 전기 활동'은 심전도 기기에서 파형은 확인이 되지만, 심장 자체는 뛰지 않는 상태입니다. 심장을 움직이려는 전기 신호는 통하는데, 심장을 구성하는 근육은 반응하지 않는 거죠. 반면 '심실 세동'과 '무맥성 심실 빈맥'은 부정맥의 일종으로, 심장이 약하게 떨리거나 미세하게 수축하는 등 심장 자체는 움직이는데 몸에 혈액은 전혀 공급되지 않는 상태입니다.

이때 중요한 점은 전기 충격, 즉 제세동기가 효과를 발휘할 수 있는 상태는 심실 세동과 무맥성 심실 빈맥뿐이라는 사실입니다. 제세동기는 심장의 흐트러진 리듬을 다시 정상적으로 되돌리기 위해 강제로 전기 자극을 주는 장치입니다. 운동장에서 뛰놀던 아이들을 호루라기로 모아 질서를 잡아 주는 선생님 같은 역할을 한다고 생각하면 이해하기 쉬울 거예요.

그렇다면 일반인이 거리에서 자동 심장 충격기를 사용하게 되었을 때, 전기 충격이 필요한 상태인지 아닌지를 어떻게 알 수 있을까요? 정답은 의외로 간단합니다. '몰라도 좋으니 일단 사용하라'거든요.

자동 심장 충격기는 영어 단어 'Automated External Defibrillator'의 앞 글자를 따 AED로도 부릅니다. '세동'이란 심장이 미세하게 경련하는 듯한 움직임을 보일 때를 말하고, 그 움직임을 멈추는 처치가 '제세동'입니다. 이 과정을 '자동'

으로 해 주는 장치가 자동 심장 충격기인 것이죠.

자동 심장 충격기는 자동으로 환자의 심장 상태를 파악해서 전기 충격이 필요한 상태인지 살피고, 사용자에게 음성 안내를 통해 어떻게 조치해야 할지 알려 줍니다. 따라서 특별한 의학 지식이 없어도 사용할 수 있도록 설계되어 있으며, 긴급 상황에 사용하도록 공공장소에 비치되어 있습니다.

자동 심장 충격기(AED)

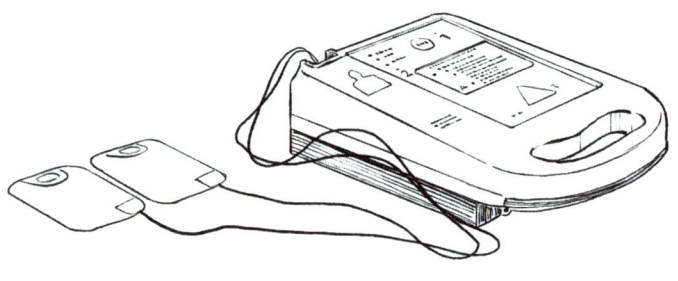

대단한 의학

대동맥이 찢어지는 병

어느 배구 선수의 안타까운 사연

올림픽 은메달리스트였던 배구 선수 플로 하이먼은 1986년 1월 24일, 일본에서 열린 여성 리그 경기 중 의식을 잃고 쓰러졌습니다. 벤치에 앉아 있던 하이먼 선수가 느닷없이 앞으로 고꾸라졌을 때 주변 사람들은 너무 놀라 넋을 놓고 서 있기만 했고, 아무런 응급 처치도 하지 못했어요. 급히 병원으로 옮겨졌지만 끝내 숨을 거두었죠.

이 장면은 하이먼의 고향 미국에서도 방송되어 큰 충격을 줬고, 일본이라는 나라 전체에 비난이 쏟아지기도 했습니다.

당시 일본에선 심폐 소생술의 중요성이 대중에게 널리 알려져 있지 않았거든요.

하이먼 선수는 도대체 무엇 때문에 갑작스레 목숨을 잃었을까요? 원인은 바로 '해리성 대동맥류'라는 병이었습니다.

해리성 대동맥류는 대동맥의 벽이 찢어지는 병입니다. 대동맥 안쪽 벽에 상처가 생기면 혈액이 그 틈새로 콸콸 흘러들고, 틈새는 더 벌어집니다. 등이나 허리에 격렬한 통증을 일으키며, 통증이 자리를 바꿔 가며 발생하는 게 특징입니다.

대동맥은 우리 몸의 중심을 관통하는 가장 굵고 강한 혈관입니다. 심장에서 나온 혈액을 온몸으로 힘차게 보내는 주요 통로이죠. 피가 얼마나 세게 흐르는지, 표준 혈압 상태에서 지름 1센티미터의 구멍을 내면 혈액이 초당 약 1.6미터나 뿜어져 나올 정도입니다.

이 대동맥 벽은 세 겹으로 되어 있는데, 각각 내막, 중막, 외막입니다. 해리성 대동맥류는 그중 가장 약한 중막이 찢어지며 생깁니다. 이 병이 생기면 혈액이 온몸에 제대로 전달되지 않아 치명적이에요. 증상이 심해지면 순간적으로 혈압을 유지할 수 없고, 심정지에 이르러 돌연사할 수 있습니다.

그렇다면 어떤 사람이 해리성 대동맥류에 걸릴까요?

고혈압, 이상 지질 혈증(핏속에 지방질이 많은 상태), 당뇨병, 흡연 등이 원인이 되어 생기는 동맥 경화를 먼저 짚어 볼 수 있습니다. 동맥 경화가 생기면 혈관 벽이 약해지고 탄력도 떨어져서 찢어질 위험을 높입니다. 즉 성인병이 주요 발병 요인이죠. 특히 고혈압이 있으면 혈관 내벽에 상처가 생겨 해리성 대동맥류가 잘 일어날 위험이 있습니다.

하지만 건강의 아이콘이라고 할 수 있는 올림픽 선수가 성인병에 걸리진 않았겠죠. 하이먼 선수처럼 건강해 보이는 사람도 해리성 대동맥류에 걸릴 수 있습니다. 그녀의 경우 '마르판 증후군'이라는 유전병이 원인이었습니다.

해리성 대동맥류

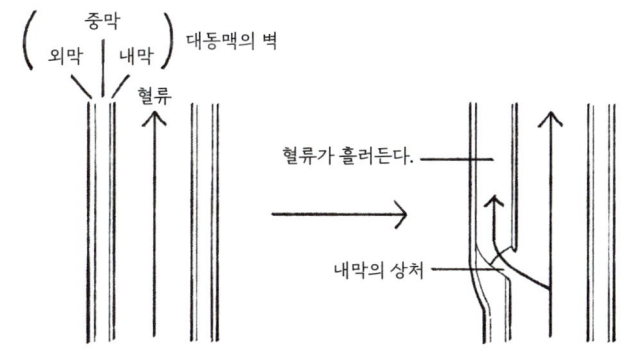

비정상적으로 키가 커지는 병

마르판 증후군은 선천적으로 온몸의 결합 조직이 약해지는 유전병입니다. 결합 조직은 갖가지 장기를 이어 주고 지지하는 조직으로, 우리 몸 곳곳에 있습니다. 그렇기에 마르판 증후군이 있는 사람은 온몸에 다양한 증상이 나타납니다. 우선, 혈관 벽을 구성하는 조직이 약해져 대동맥류와 해리성 대동맥류가 생기기 쉽습니다. 또한 눈의 수정체를 지지하는 조직도 약해져 시력이 떨어지는 경우가 많아요.

마르판 증후군은 프랑스의 소아과 의사인 앙투안 마르팡에 의해 1896년 처음 알려졌습니다. 마르팡은 팔다리와 손가락과 발가락이 비정상적으로 긴 다섯 살 여자아이 사례를 처음 보고했어요. 이 보고서에서는 손발에 나타나는 특징적인 증상을 '거미손가락증'이라 불렀습니다. 마르판 증후군 특유의 골격 이상이 나타난 거죠.

키가 크고 손발이 길다는 신체적 특징은 스포츠 세계에서는 유리한 장점이 됩니다. 그러나 과격한 운동을 하느라 혈압이 널뛰듯 오르내리면, 심혈관계에 큰 부담을 줍니다.

다른 사람보다 훨씬 길쭉한 손가락은 악기를 연주하는 음악가에게도 장점이 됩니다. 예를 들어 '파가니니 주제에 의한

대연습곡'으로 알려진 작곡가
이자 바이올리니스트인 니콜
로 파가니니도 마르판 증후군
을 앓았다고 전해집니다. 또
러시아계 미국인 작곡가인 세
르게이 라흐마니노프 역시 마
르판 증후군을 앓던 것으로
보입니다. 라흐마니노프는 키
가 2미터가 넘고, 손가락이 워

앙투안 마르팡

낙 길어서 한 손으로 '도'에서 한 옥타브 위의 '솔'까지 닿을
정도였다고 해요. 그 때문에 다른 연주자들은 라흐마니노프가
지은 곡을 연주하려면 무척 애를 먹습니다.

　이처럼 마르판 증후군은 죽음의 위험을 안고 살아야 하는
병이지만, 동시에 그와 맞바꾸어 얻은 타고난 신체적 조건 덕
분에 예술과 스포츠 분야에 재능을 펼친 이들도 있었습니다.

간에 지방이 쌓이는 무시무시한 질환

잘 알려지지 않은 병

앞서 간을 우리 몸의 화학 공장이라고 했습니다. 그렇다면 간에 생기는 병에는 무엇이 있을까요?

우선 널리 알려진 것은 술로 인한 간염입니다. 술에 들어 있는 알코올은 간에서 분해되어 최종적으로 물과 이산화 탄소가 되어 몸 밖으로 빠져나갑니다. 그런데 과음을 반복하면 간이 서서히 손상되어서 만성적인 알코올성 간염이 생길 수 있어요. 정말 심해지면 간경변증이나 일부는 간암으로까지 진행되기도 합니다.

바이러스성 간염도 있습니다. 간염을 일으키는 바이러스는 A형, B형, C형, D형, E형 등 여러 종류가 있어요. 그중 B형과 C형 간염 바이러스가 간경변증과 간암을 유발합니다. 실제로 간암(간세포에서 생기는 암)의 약 70퍼센트는 B형이나 C형 간염이 원인입니다. 이는 위암의 주요 원인이 되는 헬리코박터균(위 나선균)처럼, 간암도 감염으로 인해 발생하는 경우가 대부분이라는 뜻입니다.

다행히도 최근에는 항바이러스 치료제가 빠르게 발전하면서 바이러스성 간염에서 비롯된 간암은 점차 줄어드는 추세입니다. 한편, 의외로 위험성이나 예방 방법이 잘 알려지지 않은 간 질환이 있으니, 바로 지방간입니다.

지방간이란 이름 그대로 간에 지방이 과도하게 쌓이는 병으로, 크게 두 가지로 나뉩니다. 술이 원인인 알코올성 지방간과 술과 관계없이 발생하는 비알코올성 지방간(nonalcoholic fatty liver disease, NAFLD)입니다.

알코올성 지방간은 남성의 경우 하루 에탄올 30그램 이상, 여성은 20그램 이상 술을 매일 마실 때 발생할 수 있습니다. 참고로 청주 180밀리리터에는 에탄올 28그램이, 맥주 360밀리리터 캔 하나에는 14그램 정도의 에탄올이 들어 있습니다.

이보다 적게 마시거나, 안 마셔도 지방간이 생긴 경우에 비알코올성 지방간이라고 해요. 간단히 NAFLD라고 불러 볼게요.

그렇다면 도대체 NAFLD는 무엇 때문에 생길까요? NAFLD의 주요 위험 요소로는 비만, 고혈압, 당뇨병, 이상 지질 혈증 등이 있습니다. 다시 말해 대사 기능에 이상이 생기는 질환, 즉 대사 장애 증후군이 NAFLD를 유발하는 가장 큰 원인이라고 할 수 있습니다.

비알코올성 지방간이 무서운 이유

NAFLD라는 이름조차 아직 낯선 사람이 대부분일 거예요. 생소한 병이지만 전 세계적으로 환자 수는 계속 늘고 있습니다. 이 병이 무서운 이유는 방치하면 약 5~8퍼센트가 간경변증으로 진행된다는 점입니다. 간경변증은 간세포에 문제가 생겨 딱딱하게 굳는 병입니다. 일단 간경변 상태가 되면 되돌릴 수 없고, 더 나아가 간암으로 진행될 수도 있어 무섭지요.

특히 NAFLD 중에서도 비알코올성 지방간염 유형이 간경변증과 간암으로 발전할 위험이 높은 것으로 알려져 있어요.

또 하나 주목할 점은 NAFLD가 단지 간에만 문제를 일으키는 게 아니라는 거예요. 심장 혈관이 막히는 심근 경색이나 뇌에 혈액이 제대로 가지 않아 생기는 뇌졸중 같은 심각한 심혈 관계 질환도 함께 일으킬 가능성이 높거든요. 건강 검진에서 '지방간' 결과를 받아도 대수롭지 않게 넘기는 사람이 많은데, 심각한 질환일 수 있다는 걸 꼭 염두에 두어야 합니다.

지방간을 치료하는 방법

그렇다면 지방간은 어떻게 치료할 수 있을까요? 가장 중요한 것은 성인병 개선입니다. 그러려면 꼭 필요한 게 바로 생활 습관 개선입니다. 식습관을 바꾸고 적절한 운동으로 체중을 줄이는 것이죠. 실제로 체중의 약 7퍼센트를 줄이면 지방간이 나아진다는 연구 결과도 있으니 이를 목표로 잡아 볼 수도 있겠습니다. 지방간을 일으키는 당뇨병, 고혈압, 이상 지질 혈증 같은 기저 질환들을 함께 치료하는 것도 효과적입니다.

비교적 가까운 2020년에는 대사 관련 지방간(Metabolic dysfunction Associated Fatty Liver Disease, MAFLD)이라는 새로운 개념이 등장하기도 했습니다. 알코올로 인한 것이든 아니든 지방간은 고혈압과 당뇨병, 이상 지질 혈증 같은 대사 장애를 일으킬 위험이 높아진다는 것입니다. 대사 장애 증후군이 간경변증과 간암으로 이어질 위험이 있다는 사실을 알고 나면 위험성이 훨씬 생생히 다가옵니다. 아쉽게도 아직 지방간을 완치하는 특효약은 없습니다. 최근 일부 당뇨병 치료제나 이상 지질 혈증 약(2장에서 설명할 스타틴)이 도움이 된다는 기대를 받고 있지만, 아직 효능과 안전성을 더 검증해야 하는 단계죠.

간의 또 다른 별명은 '침묵의 장기'입니다. 간 질환은 상당히 진행될 때까지 특별한 증상이 없기 때문입니다. 설령 지방간을 앓더라도 대부분 증상을 느끼지 못하고, 본인도 병에 걸렸다는 사실을 모르는 경우가 많습니다. 이러한 배경을 고려해서 최근에는 초기에 간 질환을 진단하고 치료하는 것을 목표로 하는 연구가 활발히 진행되고 있습니다. 건강 검진 결과에서 간 수치에 이상이 있다는 소견이 나오면 절대 방치하지 말고, 의료 전문가와 상담해 보는 것이 중요합니다.

참고로 NAFLD라는 개념은 1986년에 최초로 나왔습니다. 이후 1998년에 미국 국립보건원이 이 병의 심각성을 알리면서부터 본격적으로 주목받기 시작했죠.

의학은 하루가 다르게 발전하고 있습니다. 불과 몇 년 전까지만 해도 누구도 인식하지 못했던 사실도 하루아침에 전 세계적인 표준이 되는가 하면, 치료 개발도 척척 진행됩니다. 지방간도 그 대표적인 사례라 할 수 있습니다.

정상적인 간과 질병에 걸린 간

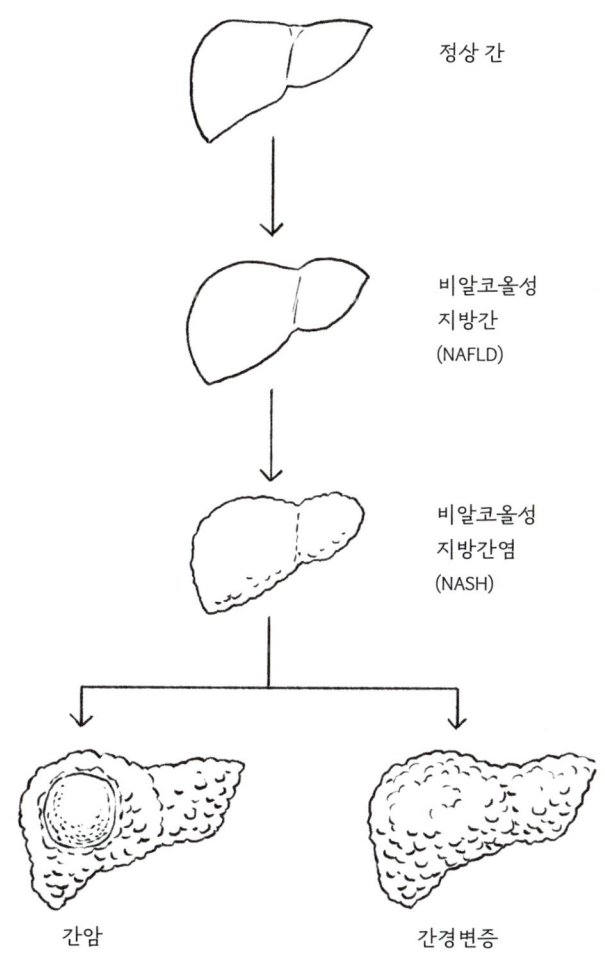

정상 간

비알코올성
지방간
(NAFLD)

비알코올성
지방간염
(NASH)

간암

간경변증

알고 보면
대단한 소화액

소화액이라는 참으로 편리한 시스템

요즘은 집에서 충전만 하면 편리하게 사용할 수 있는 기기들이 많습니다. 많은 사람들이 스마트폰이나 노트북, 태블릿 PC는 거의 매일 충전해서 사용하죠. 여기에 더해 스마트워치, 무선 이어폰, 전기 자전거, 청소기까지 쓰는 사람도 많습니다. 그렇지만 충전하지 않으면 아무리 근사한 기기도 작동하지 않습니다.

우리 몸도 마찬가지입니다. 전자 기기보다 훨씬 성능이 뛰어나고, 훨씬 정교하게 작동하며, 막대한 에너지를 필요로 하지요. 그렇기에 우리도 에너지원이 부족하면 제 기능을 하지 못합니다.

만약 스마트폰처럼 자는 동안 충전기에 꽂아 두기만 해도 자동으로 충전되는 몸이라면 얼마나 편리할까요? 안타깝게도 우리 몸은 그렇게 간단하지 않습니다. 인체는 다른 생물을 먹고, 그것을 연료로 바꾸는 복잡한 구조를 갖추고 있습니다.

자연에 존재하는 동물과 식물은 이루 헤아릴 수 없이 다양합니다. 이 갖가지 동식물을 먹어서 소화하고, 영양분을 흡수하는 과정은 생각보다 단순하지 않습니다. 이 복잡한 과정에서 막중한 역할을 맡고 있는 게 바로 '소화액'입니다.

우리 몸은 탄수화물, 단백질, 지방 등 여러 성분을 분해하기 위한 다채로운 소화 효소와 이를 포함한 소화액을 만들어 냅니다. 예를 들어 지방을 분해하는 효소인 라이페이스, 탄수화물을 분해하는 아밀레이스는 이자액(췌장액) 속에 들어 있습니다. 이자에서 만들어진 이자액은 이자관이라는 관을 통해 십이지장으로 분비됩니다. 또 위액에 들어 있는 펩신은 단백질을 분해하지요.

짜장 라면 끓일 때를 떠올려 보세요. 기름기가 많은 액상 수프는 물이 다 졸아든 뒤에 넣고 비벼 먹어야 면과 양념이 잘

섞입니다. 그렇게 하지 않으면 물 위에 기름이 둥둥 떠서 면과 양념이 따로 놀게 되지요. 이처럼 기름은 물과 섞이지 않기 때문에 기름기 있는 음식을 그냥 먹으면 물속에서 흡수가 어렵습니다. 그러면 어떻게 해야 할까요?

이럴 때 필요한 게 쓸개즙산입니다. 쓸개즙산은 쓸개즙(담즙)에 들어 있는 성분인데, 간에서 만듭니다. 쓸개에 잠시 머물렀다가 십이지장으로 분비되지요. 쓸개즙산은 지방을 물에 잘 섞이는 형태로 바꿔 줍니다. 이 작용을 '유화'라고 불러요.

쓸개즙산도 콜레스테롤이라는 지질의 일종으로부터 만들어집니다. 말하자면 기름으로 만든 세제로 기름때를 지우는 것과 같은 원리이죠. 지질로 만들어진 쓸개즙산이 지질을 흡수하기 쉽게 분해해 줍니다.

그 밖에도 여러 소화액이 다양한 영양소 흡수에 도움을 줍니다. 아무 생각 없이 음식을 입에 넣기만 해도, 몸이 알아서 척척 처리해 주지요. 우리가 신경 쓰지 않아도 필요한 영양소는 흡수하고, 노폐물은 대변과 소변으로 배출해 주는 자동 시스템입니다. 참 편리하지만, 알고 보면 깜짝 놀랄 정도로 정교한 과정을 거치고 있지요.

쓸개관과 이자관

십이지장은 위 아래쪽에 붙는 짧은 관입니다. '십이지장'이라는 이름은 그 길이가 손가락 열두 개를 늘어놓은 폭과 비슷해서 붙여졌어요.

십이지장에는 이자관과 쓸개관(담관)이 연결되어 있으며, 이곳으로 각각 이자액과 쓸개즙이 분비됩니다. 이 두 관은 마치 서로 다른 수원을 가진 두 개의 강처럼 흐릅니다. 쓸개관은 간에서, 이자관은 이자에서 흘러나오고, 그 두 물줄기는 십이지장 벽 안에서 하나로 합쳐집니다. 이 합류 지점에는 '쓸개이자관 팽대 조임근(오디 괄약근)'이라는 복잡한 이름의 근육이 자리하고 있습니다. 물줄기가 합쳐질 필요가 없을 때는 이 근육이 오므라져 관 출구를 조입니다.

여기서 중요한 점은, 이 두 관이 반드시 십이지장에 와서 합쳐져야 한다는 것입니다. 무슨 말이냐고요? 107쪽 그림을 보면 조금 더 이해가 될 거예요. 두 개의 관이 십이지장에 도달하기 전에 합쳐지면 괄약근이 제대로 작동하지 못합니다. 이를 '담췌관 합류 이상'이라고 부르는데, 태어나면서부터 이런 기형을 가진 사람들이 있어요.

만약 이자액과 쓸개즙이 정상보다 약간 앞에서 만나면, 어떤 일이 생길까요?

가장 큰 문제는 이자액이 쓸개관 쪽으로 역류하면서 쓸개관 벽에 상처를 내고, 결국 암이 생길 수 있다는 점입니다. 이자액은 소화 효소가 가득 들어 있는 강한 액체입니다. 이 소화액이 평소에 쓸개관으로 흘러가면 쓸개관 벽이 차츰 헐며 상처가 날 수 있습니다.

담췌관 합류 이상은 크게 두 가지 유형으로 나뉩니다. 쓸개관이 확장하는 유형과 확장하지 않는 유형입니다. 쓸개관이 확장하는 선천성 담관 확장증의 경우는 약 20퍼센트, 쓸개관 비확장형은 약 40퍼센트라는 확률로 담관암이 발생한다는 무시무시한 통계가 있습니다. 게다가 일반적으로 15~20세나 이른 나이에 암이 생긴다는 특징도 있죠.

이유는 단순합니다. 어릴 적부터 이자액이 쓸개관을 야금야금 상하게 하고, 그래서 거듭 염증이 생기고, 이 염증이 암세포 출현으로 이어지기 때문입니다.

반대로 쓸개즙이 이자관 쪽으로 역류할 수 있습니다. 그러면 소아기부터 급성 이자염(췌장염)이 쉽게 발생하는데, 그 발병률은 약 28~43퍼센트로 매우 높은 편입니다.

담췌관 합류 이상

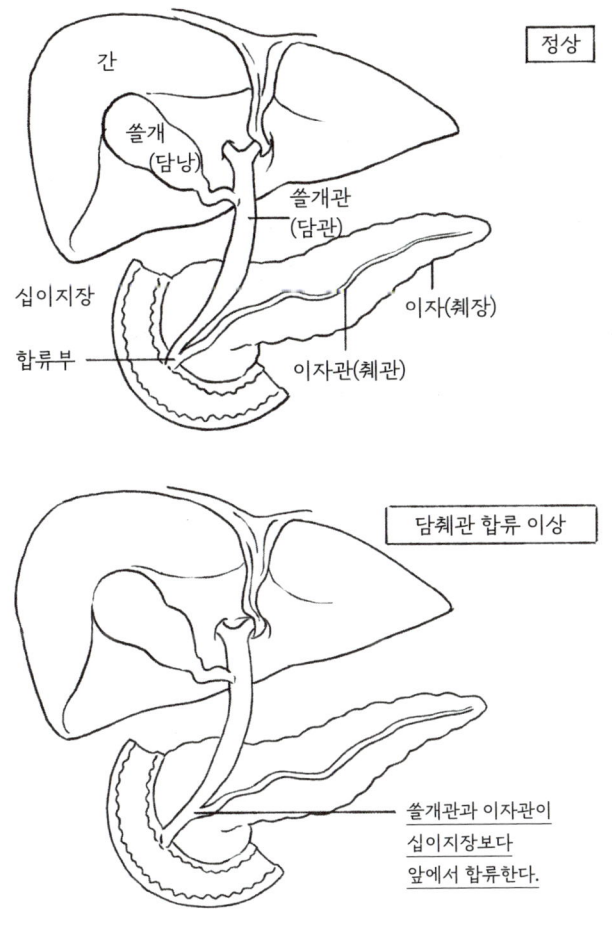

정상

간

쓸개
(담낭)

쓸개관
(담관)

십이지장

이자(췌장)

합류부

이자관(췌관)

담췌관 합류 이상

쓸개관과 이자관이
십이지장보다
앞에서 합류한다.

소화액은 때로 몸에 상처를 낸다

우리 인체는 탄수화물, 단백질, 지방으로 이루어진 유기물입니다. 당연히 자연계에 존재하는 다른 동물이나 식물과 크게 다르지 않죠. 그렇기에 우리가 먹는 생물을 소화해 주는 소화액이 때로는 우리 몸을 해칠 수도 있습니다. 무슨 말이냐고요? 이자액이나 쓸개즙 같은 소화액이 우리 몸에 잘못 보관되거나, 엉뚱한 길로 흘러가면 주인의 몸에도 이빨을 드러내고 장기에 상처를 준다는 말입니다.

참고로 담췌관 합류 이상이 있을 경우에는 쓸개즙과 이자액이 지나는 길을 분리하는 수술을 합니다. 강의 흐름을 정비하는 공사와 비슷하게, 부자연스러운 관의 연결을 바로잡아 문제가 일어나지 않도록 해결해 주는 치료입니다.

변이 얼마나 딱딱한지는 어떻게 결정될까?

브리스틀 대변 척도

날마다 우리 변의 상태는 조금씩 다릅니다. 어떤 날은 단단하고, 또 어떤 날은 묽습니다. 이러한 다양한 변의 형태를 수치로 나타낸 것이 '브리스틀 대변 척도(bristol stool scale)'라는 의료 진단 도구입니다. 이 기준은 1997년 영국 브리스틀대학교에서 제안한 것입니다.

이 기준에 따르면 변의 형태는 단단하고 동글동글하게 분리된 덩어리부터 묽은 액체 상태까지 모두 일곱 단계로 나눌 수 있습니다.

브리스틀 대변 척도

1	단단하고 동글동글하게 분리된 변
2	소시지 모양으로 뭉친 단단한 변
3	소시지와 비슷한 모양이지만 표면에 갈라진 틈이 있는 변
4	소시지 또는 뱀 같은 모양으로 매끈하고 부드러운 변
5	윤곽이 뚜렷하고 부드러운 변
6	윤곽이 불분명하고 형태가 풀어진 걸쭉한 변
7	굳은 것 없이 액체 상태인 변

3에서 5 사이가 정상이고, 1~2처럼 단단한 변은 배변 시 항문에 상처를 내거나 배변 자체가 어려울 수 있습니다. 반대로 6이나 7처럼 수분이 많은 변은 기저귀를 착용하는 사람에게 항문 주위 피부염를 일으킬 수 있어요.

의료, 돌봄 현장에서는 필요에 따라 변을 부드럽게 만드는 약을 쓰거나 장을 깨끗하게 하는 약을 사용해서 변의 되기를 적절하게 유지하는 게 중요한 업무 중 하나입니다.

그렇다면 이 변의 되기는 도대체 어떻게 결정되는 걸까요?

변이 머무는 시간과 대장의 기능

우리가 음식물을 먹고 마시면 보통 하루에 약 9리터의 수분이 소장과 대장으로 흘러 들어갑니다. 그중 약 2리터는 우리가 직접 마신 수분이고, 나머지 7리터는 침, 이자액, 쓸개즙 같은 소화액입니다. 소화액의 양이 생각보다 많죠? 이자에서만 하루 약 1.5리터의 이자액이 분비되거든요.

만약 이 많은 수분이 흡수되지 않고 항문으로 그대로 나온다면 우리는 매일 끔찍할 정도로 설사를 하게 될 것입니다. 다행히도 그런 불상사는 일어나지 않아요. 그 이유는 9리터의 수분 대부분이 소장과 대장에서 흡수되고, 실제로 배출되는 수분은 2퍼센트 이하이기 때문입니다. 소화액에 있는 대량의 물도 결국 몸에서 다시 흡수해서 체내 수분이 부족하지 않게 합니다.

흡수는 대개 소장에서 80~85퍼센트, 대장에서 10~20퍼센트가 이루어집니다. 변에 남아 있는 수분의 양이 적으면 변이 딱딱해지고, 수분의 양이 많아지면 변이 부드러워지죠. 그렇다면 어떤 때 변이 물러질까요? 어떤 상황에서 설사가 잘 나는지를 상상하면 이해하기 쉽습니다.

사람이 술을 잔뜩 마시거나 과식을 하면 소화액이 많이 분비되어 대장의 흡수 능력을 넘는 양의 수분이 대장으로 흘러가 설사를 하게 됩니다. 또 음식이 장에 머무는 시간이 짧을수록 수분을 흡수하는 양이 줄어들어 역시 설사가 일어납니다. 예를 들어 장염에 걸리면 배에서 꾸르륵꾸르륵 소리가 나면서 연동 운동(장 근육이 수축과 이완을 반복하며 대변을 이동시키는 운동 – 옮긴이)이 활발해지고, 음식물이 통과하는 속도가 빨라집니다. 그러면 또 설사가 나지요.

반대로 어떤 경우에 변이 딱딱해질까요? 이 질문 역시 수분 흡수 과정을 떠올리면 답이 나옵니다. 예를 들어 대장의 연동 운동이 느려지면 음식물이 장을 통과하는 속도가 느려집니다. 자연히 대장 안에서 변이 머무는 시간이 길어지며, 더 많은 수분이 흡수되고 변이 딱딱하게 뭉칩니다.

특히 나이가 들면 연동 운동 기능이 약해져 만성적인 변비에 시달릴 수 있습니다. 노화로 생기는 변비에는 변비약을 적절하게 쓸 필요가 있어요.

암 환자에게 보이는 증상과 변의 상태

대장은 길이가 약 1.5~2미터 정도에 이르는 길쭉한 관 형태의 장기입니다. 길이가 긴 만큼, 구역을 나누어 이름을 붙여 두었어요. 소장과 가까운 쪽에 있는 대장을 '상행 결장'이라고 하고, 항문과 가까운 쪽은 '하행 결장'이라고 합니다. 간단히 말해 장의 상류 쪽이냐, 하류 쪽이냐로 이해하면 되겠어요. 대장암은 암이 생기는 위치에 따라 증상을 발견하는 시기와 양상이 다른데, 하행 결장 쪽에 생기는 암을 조기에 발견할 확률이 높습니다. 과거 연구에 따르면, 하행 결장에서 생긴 암은 16.1퍼센트 정도가 조기에 발견되는 반면, 상행 결장에서는 겨우 5.6퍼센트에 불과했다고 합니다.

왜 암의 위치에 따라 발견 시기가 달라질까요? 대장 안에서 변이 어떻게 변하는지를 알면 쉽게 이해할 수 있습니다.

대장은 여러분의 뱃속 오른쪽에서 시작됩니다. 위쪽을 향해 시계 방향으로 한 바퀴 도는 형태로 들어 있죠. 대장을 지나는 동안 수분이 빠져나간 변은 단단해집니다. 그래서 대장 상류 쪽을 지나는 변은 수분량이 많고, 대장 하류 쪽을 흐르는 변은 수분량이 적은 경향이 있어요. 이로 인해 암의 증상도 달라집니다.

대장암이 생긴 걸 알아채는 계기는 피가 섞이는 혈변, 복통, 변비 같은 증상입니다. 또, 빈혈이 생겨 혈액 검사를 받았다가 알게 되기도 하죠. 그런데 대장 상류를 흐르는 변은 부드럽기 때문에 관 내벽에 암이 있더라도 어지간해서는 막히지 않습니다. 암이 생겨 관이 좁아졌더라도 묽은 변이면 지나갈 수 있으니까요. 그래서 변이 굳어진 하류에 비해 변비나 복통 같은 증상이 생기지 않아 스스로 알아챌 기회가 적습니다.

또한 암 표면은 조직이 약하기 때문에 자극을 받으면 출혈이 잘 생깁니다. 그래서 변에 피가 섞이거나, 반복되는 출혈로 빈혈이 생길 수 있죠. 이러한 상황도 변이 딱딱한 경우에 더 잘 일어나고, 부드러울 때는 잘 생기지 않습니다. 묽은 변은 암 표면을 쓸고 지나가는 정도에 그치거든요. 그래서 암이 대장 상류에 생기면 이런 증상이 잘 나타나지 않습니다. 항문에서 거리가 멀수록 혈변으로까지 나오는 경우가 적어진다는 점도 한 몫을 합니다.

대장의 상류에서 생기는 암을 조기에 발견하기 어려운 건 바로 이런 점이 복합적으로 작용하기 때문입니다. 결국 암이 어떤 식으로 발현되는지도 대장의 구조와 기능을 알면 자연스럽게 이해할 수 있습니다.

없어도 살 수 있는 장기,
살 수 없는 장기

장기의 역할

우리 몸에 쓸모없는 장기는 하나도 없습니다. 다만 없어도 생명을 유지할 수 있는 장기는 꽤 많아요. 몇 가지 예를 들어 볼게요.

쓸개에 돌이 생겨서 떼어 내는 수술을 받는 사람이 많습니다. 이 수술이 가능한 건 쓸개가 없더라도 생활에 큰 지장이 없기 때문이에요. 쓸개는 간에서 만들어진 소화액인 쓸개즙을 일시적으로 저장하는 '저수지' 역할을 하거든요. 새로운 물질을 만들어 내는 기능은 하지 않아요.

대장도 알고 보면 전체를 들어낼 수 있는 장기입니다. 환자의 대장에 심각한 병이 생겼을 경우 '대장 절제 수술'을 합니다. 물론 생활에 불편은 겪을 수 있습니다. 대장이 없으면 변에 포함된 수분량이 많아지고, 배변 횟수도 늘어납니다. 그래서 대장 절제는 꼭 필요할 때에만 하는 수술입니다.

하지만 소장은 다릅니다. 소장은 우리가 살아가는 데 꼭 필요한 필수 영양분을 흡수하는 장기이기 때문에, 전부 제거하면 살 수가 없습니다. 링거로 영양분을 넣으면 어느 정도 생명을 유지할 수는 있지만, 우리 몸에 필요한 모든 영양분을 빠짐없이 공급하는 데에는 한계가 있습니다. 다만, 소장은 몇 미터나 되는 긴 장기이기 때문에 일부를 잘라 내는 수술은 가능해요.

콩팥은 좌우에 한 개씩 두 개가 있어서 한쪽을 떼어 내도 살 수 있습니다. 심지어 양쪽 모두 없어도 '투석'이라는 치료를 통해 생명을 이어 갈 수는 있습니다. 투석은 기계가 콩팥이 하는 일을 대신하는 치료법이에요. 다만, 살아 있는 내내 정기적으로 병원을 다녀야 해서 생활에 많은 제약이 따릅니다.

그러면 간은 어떨까요? 간은 전체를 떼어 낼 수 없는 장기입니다. 간은 몸에서 일어나는 500가지가 넘는 화학 반응을 전적으로 담당하는 화학 공장이거든요. 이러한 간의 기능을 완전히 대체할 기계는 아직 없습니다. 기능이 너무 많고 다양하기 때문이죠. 다만 간암 같은 병에 걸리면 간 일부를 떼어내는 수술을 합니다. 건강한 간이라면 60~70퍼센트 정도는 잘라 내더라도 나머지 간이 재생해서 원래 기능을 유지할 수 있거든요.

콩팥과 간은 다른 사람에게 이식할 수도 있습니다. 이식 수술이 가능한 경우에는 간도 전체 절제를 고려할 수 있습니다. 물론 이런 수술이 가능하려면 이식받을 장기가 준비되어 있어야 합니다.

폐와 심장에도 같은 논리가 적용됩니다. 폐와 심장 없이 사람은 절대 살 수 없지만, 다른 사람에게 기증받는다면 이식 수술을 통해 대체가 가능합니다.

그렇다면 마지막으로 위는 어떨까요? 정답은 '전체를 드러낼 수 있다'입니다. 위암 같은 병에 걸려 위 전체를 제거하는 수술을 '전체 위 절제술'이라고 불러요. 병의 위치에 따라 위를 부분적으로 잘라 내 3분의 1에서 4분의 1 정도만 남기기도 합니다.

위를 없애면 따로 챙겨야 할 물질

위를 통째로 잘라 내면 몇 개월에서 몇 년은 빈혈이 생깁니다. 빈혈이란 적혈구 수가 줄어드는 병이에요. 왜 위를 잘라 냈다고 빈혈이 생길까요?

그건 적혈구를 만드는 데 필요한 철분과 비타민 B12 흡수에 위가 관여하기 때문입니다. 위를 잘라 내면 음식물에서 철분과 비타민 B12를 흡수하지 못해 빈혈이 생기는 거죠. 비타민 B12를 실제로 흡수하는 장기는 소장이지만, 위에서 분비되는 '내인자'라는 물질과 결합하지 않으면 비타민 B12를 흡수할 수 없습니다.

다만, 철분이나 비타민 B12 모두 어느 정도는 몸에 저장되어 있어 위 전체를 잘라 내더라도 곧장 부족해지지는 않아요. 철분은 반년에서 3년에 걸쳐 서서히 부족해지고, 비타민 B12는 2년에서 5년 정도는 비축분을 쓰다가 몇 년 후에야 동이 납니다. 물론 부족해지더라도 외부에서 적절히 보충해 주면 생명에는 별다른 지장을 주지 않습니다.

위처럼 '모두 절제할 수 있지만, 특별히 무언가를 보충할 필요가 있는 장기'가 또 있습니다. 대표적인 장기가 바로 이자입니다. 의외일 수 있는데, 이자도 전체를 들어낼 수 있는 상기입니다. 췌장암 같은 병이 생기면 이자 전체를 잘라 내는 수술을 하거든요.

이자의 주요한 역할은 음식물 소화에 도움을 주는 이자액과 혈당치를 내리는 호르몬인 인슐린을 분비하는 겁니다. 따라서 이자를 모두 잘라 내면 이자액과 인슐린을 따로 보충해 주어야 합니다.

특히 인슐린이 없으면 혈당이 위험할 정도로 높아져 생명이 즉시 위태로워집니다. 이 경우 매일 꼬박꼬박 인슐린 주사를 맞아야 해요. 즉 없어도 생활은 가능하지만 일상에서 상당한 불편을 감수해야 합니다.

없애면 백신이 필요해지는 장기

내장 기관 가운데 인지도가 낮아서 서운함을 느끼는 장기를 꼽으라면 지라가 아닐까요? 지라, 혹은 비장이라고 불리는 이 장기는 왼쪽 윗배에 있는 주먹 크기의 제법 큼직한 장기입니다.

지라는 겉으로 보기에 검붉은 색을 띠고 있으며, 안에는 혈액이 가득 차 있습니다. 스펀지처럼 부드러워서 주변을 수술할 때 출혈이 나지 않도록 가장 주의해야 하는 장기이기도 합니다.

사실 지라는 인체 최대의 면역 기관입니다. 우리 몸 곳곳에 존재하는 림프절처럼, 지라 안에는 림프구와 대식 세포 같은 면역 세포가 잔뜩 들어 있습니다. 이들은 세균이나 바이러스 같은 병원체가 몸에 침입했을 때 직접 공격하거나, 항체라는 무기를 이용해 방어하는 역할을 합니다.

이러한 지라를 잘라 내야 할 때가 있습니다. 교통사고처럼 큰 외상으로 심각한 출혈이 발생하면 지라를 잘라 내야 생명을 구할 수 있는 경우가 있거든요. 또한 지라는 위 바로 옆에 위치해 있기 때문에 위암 수술 도중에 함께 절제해야 할 때도 있습니다.

지라는 없어도 살 수 있는 장기 중 하나이지만, 앞서 설명한 대로 면역을 담당하기 때문에 감염에 대한 방어력이 약해진다는 치명적인 문제가 생깁니다. 특히 인플루엔자균, 폐렴 구균, 수막염균 같은 세균에 취약해지는데, 이로 인해 '지라 절제 후 중증 감염(Overwhelming Post-Splenectomy Infection, OPSI)'이라는 무서운 질병이 발생할 수 있습니다. 이 병은 일단 발생하면 약 50퍼센트 정도가 사망에 이른다고 알려져 있습니다.

특히 폐렴 구균에 의한 발병률이 높아, 지라를 절제한 사람들은 나라에서 공식적으로 폐렴 구균 백신 접종 대상자로 지정하고 있습니다.(우리나라 질병관리청에서도 지라 절제술을 받은 사람을 폐렴 구균 감염 위험군으로 보고 백신 접종을 권장하고 있다. —옮긴이) 즉 지라는 없어도 살 수 있지만, 백신으로 감염을 예방해야 하는 매우 주의가 필요한 장기입니다.

복부의 장기

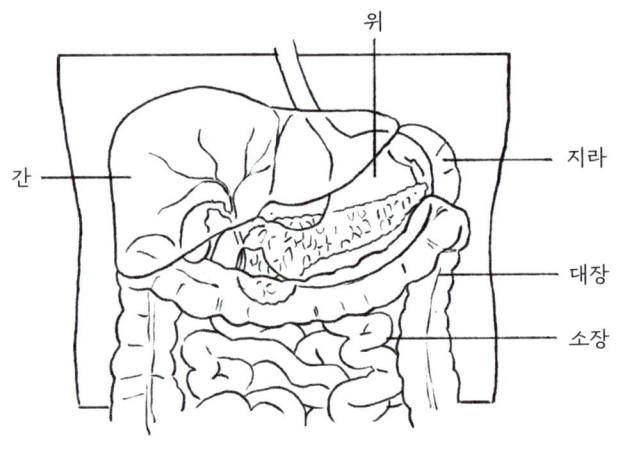

콩팥이 맡은 막중한 역할, 생명 유지

물도 라면도 마음껏 먹는 이유

우리는 매일 물을 마시고, 짜디짠 라면 국물도 벌컥벌컥 들이킵니다. 지극히 일상적인 이 모습 또한 우리 몸의 놀라운 조절 능력 덕분입니다. 우리 핏속의 염분 농도는 약 0.9퍼센트로, 일반적인 된장국과 비슷한 수준입니다. 된장국은 물을 더 넣으면 싱거워지고, 된장을 추가하면 간이 짜집니다. 농도가 쉽게 달라지죠. 그러나 우리 몸은 다릅니다. 짠 음식을 먹더라도, 싱겁게 먹더라도 체액 농도나 산성도, 삼투압 등은 항상 일정하게 유지되죠.

우리 몸은 매순간 일정한 환경을 유지하기 위해 끊임없이 애씁니다. 이 균형이 무너지면 장기 하나하나가 정상적으로 기능하지 못하거든요.

혹시 목욕을 하다가 코피가 난 적 있나요? 혈액을 방울방울 물속에 떨어뜨리면, 혈액 속의 적혈구가 순식간에 파괴되어 붉은색이 스멀스멀 퍼집니다. 이 현상은 삼투압 차이 때문에 일어나요. 물처럼 삼투압이 낮은 액체에 피가 섞이면, 적혈구 안으로 물이 급격히 들어가고 적혈구는 눈 깜짝할 사이에 파괴됩니다. 용질의 농도가 낮은 쪽에서 높은 쪽으로 물이 이동하는 삼투압 원리 때문이죠.

그런데 우리 몸 안에서는 아무리 물을 많이 마셔도 그런 일이 일어나지 않습니다. 혈액 속 삼투압이 항상 일정하게 유지되기 때문이에요. 이처럼 체액의 균형을 조절하는 중요한 역할을 하는 기관이 바로 콩팥입니다.

콩팥은 단순한 '소변 공장'이 아니다

콩팥이 어떤 역할을 하는 장기냐고 물으면 많은 사람들이 '소변 만드는 곳'이라고 답합니다. 틀린 말은 아니지만, 콩팥의 기능을 일부만 알고 하는 답이기도 해요. 좀 더 정확히 대답한다면 '체액의 양, 전해질 농도, 삼투압, pH 등을 일정하게 유지하는 역할을 담당하는 인체 유일의 장기'입니다. 뙤약볕이 내리쬐는 무더운 여름날에 땀을 비 오듯 뻘뻘 흘리거나, 물을 조금 마시면 체내 수분이 줄어들어 이온 농도나 삼투압이 높아질 수 있습니다. 그러면 콩팥은 소변을 농축해 빠져 나가는 수분을 최대한 줄입니다. 반대로 물을 잔뜩 마시면, 체액의 양이 늘어나면서 이온 농도와 삼투압이 낮아질 우려가 있죠. 이때는 콩팥이 소변을 묽게 만들어 몸 밖으로 불필요한 수분을 내보냅니다.

혈액의 삼투압 농도는 비교적 좁은 범위에서, 소변의 삼투압 농도는 상당히 넓은 범위에서 움직입니다. 소변 농도는 무려 30배 가까이 오락가락할 수 있죠. 그러고 보면 소변 색이 진한 적도, 연한 적도 있었죠? 그 이유가 바로 콩팥의 작용에 있습니다. 우리 몸에 수분이 부족할 때는 진한 샛노란 소변을 보고, 수분이 남아돌 때는 옅은 소변을 보는 것이죠.

콩팥은 최고의 여과 장치

우리 온몸을 도는 혈액은 약 5리터입니다. 그중 일부는 끊임없이 콩팥을 통과하며 여과되고, 소변이 됩니다. 피가 오줌이 되는 것이죠. 좌우 콩팥에는 사구체라는 여과 장치가 각각 약 100만 개씩 있습니다. 사구체는 모세 혈관이 실타래처럼 얽힌 구조로 되어 있는데, 지름이 0.1~0.2밀리미터 정도로 눈에 보이지 않을 만큼 매우 작습니다.

사구체는 피에서 적혈구, 백혈구, 혈소판, 단백질과 같이 버려져서는 안 될 성분은 지키고, 그 외의 수분과 전해질은 통과시킵니다.

만약 어떤 병에 걸려 이 사구체 기능에 문제가 생기면, 여과 작용이 제대로 이루어지지 않아 소변에 적혈구가 새어 나오거나, 단백질이 흘러나옵니다. 소변 검사로 혈뇨나 요 단백 검사를 하는 목적 중 하나가 바로 이 새어 나오지 말아야 할 물질이 소변으로 나오고 있지는 않은지 파악해서 콩팥 질환 여부를 알아내는 것입니다.

사구체에서 하루 동안 거르는 혈액량은 약 150리터나 됩니다. 소변이 되는 이 여과액을 '원뇨'라고 부릅니다. 이 원뇨가 요세관이라는 가느다란 관을 지나는 동안에 필요한 성분은 재흡수되고, 불필요한 노폐물은 배출되는 선별 작업이 이루어집니다. 이때 약 99퍼센트의 수분이 흡수되어 결과적으로 하루에 소변은 1.5~2리터 정도가 만들어집니다.

'여과'와 '재흡수'라는 이 엄청나게 정교한 과정을 거쳐 매일 필요한 만큼의 수분과 전해질이 흡수되고, 불필요한 물질은 버려집니다. 이 엄격한 선별 작업이야말로 콩팥이 우리 몸의 균형을 유지하는 과정의 핵심이라고 할 수 있습니다.

콩팥의 기능

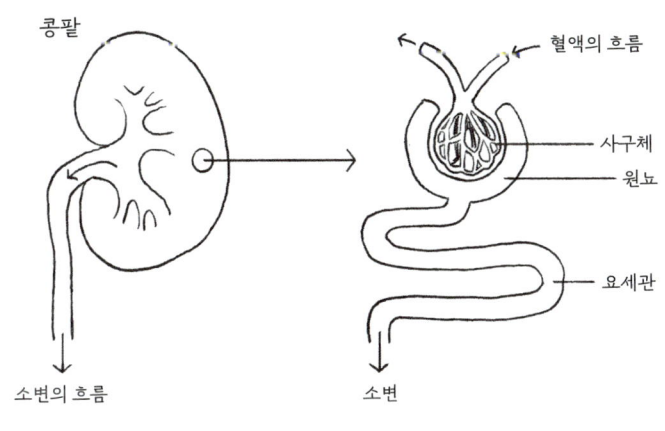

콩팥
혈액의 흐름
사구체
원뇨
요세관
소변의 흐름
소변

콩팥 질환이 늘고 있다

콩팥 기능이 떨어지면 우리 몸의 체액 균형을 유지하는 데 문제가 생깁니다. 체액 균형이 무너지면 생명이 위태로워질 수 있기에 기계로 콩팥의 기능을 대신하기도 합니다. 이렇게 기계의 도움을 받는 것을 '혈액 투석'이라고 부르죠.

혈액 투석은 보통 일주일에 세 번 병원을 방문해서 한 번에 몇 시간씩 받아야 합니다. 평소에 우리가 아무런 신경을 쓰지 않아도 콩팥이 24시간 해 주던 일을 기계가 대신하려면 그만큼 시간과 고통이 뒤따르는 것입니다.

"나는 건강하니까 투석 같은 거랑 상관없어."라고 생각할 수도 있지만, 앞날은 그 누구도 장담할 수 없습니다. 게다가 최근에는 만성적인 콩팥 기능 저하, 즉 '만성 콩팥병' 환자가 늘어나는 추세입니다.

만성 콩팥병은 당뇨병을 비롯해 사구체에 염증이 생기는 '만성 사구체 신염' 외에도, 비만, 흡연, 고혈압, 이상 지질 혈증 같은 대사 질환 증후군이 원인이 되어 생길 수 있습니다.

콩팥은 한번 망가지면 그 기능이 되돌아오지 않습니다. 그래서 무엇보다 병의 진행을 늦추는 치료가 중요해요. 혈당 수치와 혈압을 관리해야 하고, 적절한 운동과 금연, 식습관 개선 등이 필수입니다. 콩팥은 대신해 줄 장기가 없기에 평생을 아끼며 잘 사용해야 합니다.

정맥과 동맥의 차이

정맥의 흐름을 느껴 보자

자, 한번 팔을 아래로 축 늘어뜨리고 팔 표면을 살펴보세요. 여러분 중 대부분은 피부에 혈관이 도드라진 걸 볼 수 있을 겁니다. 이때 팔뚝에서 눈에 보이는 혈관은 모두 정맥입니다. 정맥은 몸의 끝부분에서 심장으로 피를 되돌려 보내는 혈관입니다. 따라서 팔에 보이는 정맥 안의 혈액은 모두 손끝에서부터 어깨 방향으로 흐르고 있죠.

이 사실은 간단한 실험으로 직접 확인할 수 있습니다. 팔을 들어 올려 만세 자세를 한 상태로 똑같이 혈관을 관찰해 보세요. 볼록 올라와 있던 혈관이 놀라울 정도로 빠르게 쑥 들어가는 모습을 볼 수 있을 겁니다. 이는 정맥 속 혈액이 중력과 같은 방향으로 심장을 향해 되돌아가기 때문입니다. 반대로 말하면 팔을 아래로 늘어뜨렸을 때는 정맥 속 혈액이 중력을 거슬러 흐릅니다.

알고 보면 정맥 안에는 수많은 역류 방지 밸브, 즉 '판막'이 있습니다. 힘차게 흐르는 동맥에 비해 흐르는 힘이 약한 정맥의 피가 중력에 영향에도 역류하지 않고 심장으로만 향할 수 있는 건 모두 이 판막 덕분입니다.

혈관은 무슨 색일까?

인체를 표현한 그림을 보면 희한하게도 대개 동맥은 빨간색, 정맥은 파란색으로 그려진 경우가 많습니다. 그런데 사실, 실제 동맥과 정맥은 전혀 다른 색입니다.

앞서 확인한 대로 팔에 있는 정맥은 피부 아래에서 옅은 자주색이나 초록색으로 보입니다. 피부를 열고 직접 보면 붉은 기가 조금 더 강하게 보이지만, 그래도 보라색에서 초록색에 가깝습니다.

한편 동맥은 표면이 흰빛을 띱니다. 피가 힘차게 흐르기 때문에 동맥벽은 튼튼하고 두꺼우며 신경이 지나는 하얀 살가죽으로 덮여 있어 혈액이 거의 비쳐 보이지 않아요. 즉, 우리가 흔히 보는 자료 속 혈관 색과는 거리가 있습니다.

또한, 동맥은 정맥보다 훨씬 혈압이 높아서 수술할 때 상처가 나면 혈액이 분수처럼 콸콸 뿜어져 나옵니다. 의학 드라마에서도 수술실에서 외과 의사가 수술을 하다가 얼굴에 피가 튀거나, 피범벅이 된 채 당황하는 장면이 단골로 나옵니다. 상처가 난 혈관이 동맥이라면 핏방울이 얼굴에 튀는 정도는 현실에서도 벌어지는 일입니다.

다만 현실에서는 이런 출혈이 반드시 긴급 상황으로 이어지진 않습니다. 수술실에는 지혈을 위한 여러 도구가 준비되어 있거든요. 대부분 빠르게 처치해서 무사히 넘어가는 편입니다. 얼굴에 피가 튈 정도로 피가 난 곳이 분명한 동맥 출혈이라면 오히려 지혈하기 쉬운 사례가 많습니다.

오히려 천천히 스며 나오는 정맥 출혈이 훨씬 위험할 때가 많습니다. 정맥은 벽이 얇아서 어쩌다 상처가 난 경우, 신중히 처치하지 않으면 틈이 더 벌어져 봉합할 수 없거든요. 드라마에서는 긴박감을 주기 위해 피가 튀는 장면을 강조하지만, 덜 극적으로 보이는 출혈이 현실에서는 더 어렵고 긴급합니다.

참고로 드라마에 나오는 혈액의 색감도 현실성이 떨어질 때가 많습니다. 투명도가 너무 높거든요. 실제 사람의 피는 꽤 탁하고 붉은빛이 진합니다. 우리 혈액의 약 45퍼센트는 세포로 구성되어 있습니다. 그중 95퍼센트는 적혈구, 나머지는 백혈구와 혈소판입니다. 혈액 속에는 셀 수 없이 많은 세포가 떠다니기 때문에 붉기만 하고 투명한 혈액은 현실적이지 않습니다. 마치 플랑크톤이 득실거리는 녹조 가득한 강물처럼 혈액은 걸쭉하고 탁합니다.

이처럼 우리 몸을 이루는 모든 것은 너무나 복잡하고 정교해서 인공적으로 재현하기가 참 어렵습니다. 드라마를 볼 때마다 그 어려움을 뼈저리게 느끼는 동시에 인체의 신비에 다시금 경외감을 느끼게 됩니다.

현대에 등장한
새로운 '외상'

'닌텐도염'이란?

1990년, 세계적으로 권위 있는 의학 저널 중 하나인《뉴잉 글랜드 저널 오브 메디슨》에 흥미로운 질병이 소개되었습니다. 서른다섯 살 여성 환자가 엄지손가락 통증을 호소하며 병원을 찾은 사례였죠.

이 여성은 아들이 크리스마스 선물로 받은 닌텐도 게임기를 다섯 시간 동안 한 번도 쉬지 않고 조작했다고 합니다. 게임을 하느라 오른손 엄지로 반복해서 버튼을 눌렀고, 그 결과 엄지손가락 힘줄에 염증이 생겨 통증이 생긴 것이었죠.

인류사 최초로 가정용 게임기가 폭발적으로 보급되던 시기였습니다. 물론 의학사에서도 그때까지 이런 종류의 외상이 기록된 적이 없었죠. 논문 저자인 미국의 의사는 이 새로운 외상에 '닌텐도나이티스(Nintendinitis)'라는 이름을 붙이자고 제안했습니다. '-tis'는 '-염'을 뜻하는 접미사인데, 앞에 닌텐도라는 게임기 이름을 붙인 것이죠. 간단히 말해 '닌텐도염'인 것입니다.

신형 게임기가 낳은 질환

2007년에도 같은 잡지에 흥미로운 새 질병이 소개되었습니다. 어느 일요일 아침, 스물아홉 살의 전공의가 심각한 오른쪽 어깨 통증을 느끼고 병원을 찾았습니다. 특별히 어깨를 다친 기억이 없었기에 의아해하며 류머티즘 분야 동료에게 상담했다가, 오른쪽 어깨 힘줄에 생긴 염증이 원인이라는 진단을 받았습니다.

기억을 더듬은 끝에 그는 원인이 될 만한 행동을 떠올렸습니다. 바로 닌텐도의 신형 게임기 'Wii'를 사자마자 신이 나서 몇 시간 동안 내리 테니스 게임을 즐긴 것이었습니다. 이 게임은 플레이어가 화면 앞에 서서 리모컨을 쥐고 마치 실제로 테니스를 치듯 움직이는 방식이었습니다. 게임에 푹 빠져 리모컨을 휘두르느라 어깨를 쉴 새 없이 혹사시켰고, 그래서 힘줄에 염증이 생긴 것입니다.

게임 업계가 한참 정체기에 접어들던 당시에 닌텐도가 사운을 걸고 출시한 게임기가 Wii였습니다. Wii 게임기 본체와 함께 나온 소프트웨어 'Wii 스포츠'에서는 테니스 이외에도 야구, 복싱, 골프, 볼링 등 실제로 몸을 움직이는 가상 스포츠 체험을 할 수 있었습니다.

전에 없던 게임이 나오자 여태까지 게임을 즐기지 않았던 사람들에게까지 널리 퍼지며 엄청난 인기를 얻었습니다. 게임 인구는 단숨에 늘어났죠. Wii는 전 세계에서 1억 대 이상, Wii 스포츠는 8000만 장 이상 팔리는 놀라운 매출을 기록하며 비디오 게임 역사를 다시 썼습니다. 동시에 의학사 최초로 '집에서 발생하는 스포츠 외상'도 새로이 탄생했죠.

스페인의 의사는 이 어깨 외상을 닌텐도 게임기가 원인인 '닌텐도염'의 한 형태로 보면서도, 새로운 병으로 살필 필요가 있다고 봤습니다. 그래서 Wii를 하느라 생긴 이 외상을 'Wii 염증(Wiitis)'이라고 부르자고 제안했죠.

얼핏 장난처럼 보일 수 있지만, 병명을 정의하는 과정은 무척 중요합니다. 원인이 분명하지 않은 통증을 호소하는 환자에게 의사가 적절한 진단을 내리려면 그 병의 이름부터 알아야 하니까요. 닌텐도염과 Wii 염증 중 무엇이 적절할지 의문을 제기하는 것 자체가 올바른 진단에 이르는 과정입니다.

다양한 스포츠 외상

게임기의 진화가 새로운 질환을 탄생시킨 건 사실이지만, 그 이전에도 고전적인 스포츠 외상은 많았습니다.

예를 들어 테니스 애호가 사이에서 흔히 발생하는 팔꿈치 힘줄 염증인 '상완골(위팔뼈) 외상과염'은 '테니스 엘보(tennis elbow)'라는 별명으로 널리 알려져 있습니다. 또, 야구공을 반복해서 치거나 던지는 동작 때문에 생기는 팔꿈치 뼈와 연골, 인대, 힘줄 등의 상해는 '야구 엘보(baseball elbow)', 어깨 관절 상해는 '야구 숄더(baseball shoulder)'라고 부릅니다.

그 밖에도 골프채를 휘두르는 동작으로 생기는 팔꿈치 안쪽의 염증인 '골프 엘보(golf elbow)', 복싱 선수가 주먹을 쥐고 펀치를 날리는 동작을 반복해서 생기는 중수골(손허리뼈) 골절인 '권투 선수 골절(boxer's fracture)', 달리기로 인한 무릎 부상인 '러너스 니(runners' knee)', 배구와 농구 경기 등에서 점프

주요 스포츠 외상

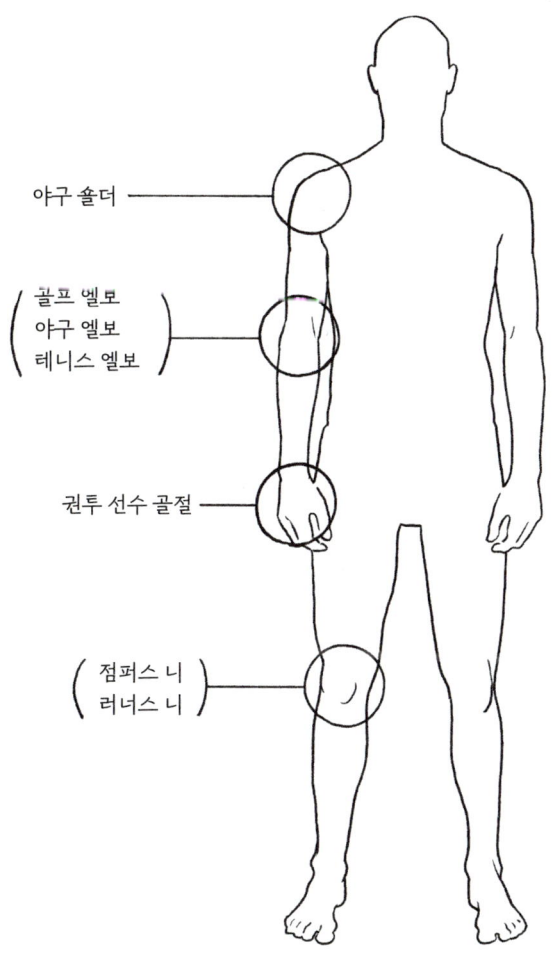

야구 숄더

골프 엘보
야구 엘보
테니스 엘보

권투 선수 골절

점퍼스 니
러너스 니

와 착지를 반복해서 생기는 무릎뼈(슬개골) 부상인 '점퍼스 니
(jumper's knee)' 등 스포츠 외상은 예전부터 다양했습니다.

생물은 기본적으로 종족을 이어 가기 위해 살아갑니다. 다
만 불가사의하게도 인류는 취미와 오락을 위해 자기 몸을 반
복적으로 혹사시키고 상처 입히며 새로운 질환을 잇달아 만들
어 냈습니다. 생물학적 관점에서는 이해할 수 없는 비합리적
인 행동이지만, 이 과정에서 가치를 발견하고 행복을 느끼는
것이야말로 우리 인류의 장점이 아닐까요?

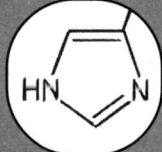

제2장

획기적인 약, 정교한 인체

모든 물질은 독이며, 독이 없는 물질 따위는 존재하지 않는다.
어떤 물질이 독성인지 아닌지는 복용하는 양에 달려 있다.

파라셀수스 (의화학자)

독에서 탄생한 신약

독도마뱀과 신약 개발

미국 남서부에서 멕시코에 걸친 사막 지대에 서식하는 아메리카독도마뱀은 '힐러몬스터'라는 별명으로 알려진, 맹독을 지닌 도마뱀입니다. 1992년 미국의 과학자인 존 엥은 이 도마뱀의 독에 들어 있는 물질에 주목하고 '엑센딘-4'라는 이름을 붙였습니다. 그리고 이 물질은 당뇨병 치료제를 개발하는 첫 단추가 되었어요.

존 엥 박사가 엑센딘-4에 눈독을 들인 데에는 그럴 만한 이유가 있었습니다. 인간이 지닌 호르몬 중 하나인 글루카곤

유사 펩타이드-1(GLP-1)와 비슷한 구조를 지녔기 때문입니다. 이름이 복잡하니 GLP-1이라고 불러 볼게요. GLP-1은 음식을 먹으면 소장에서 분비하는 호르몬입니다. 몸에서 인슐린이 나오게 하고, 식욕을 억제하는 등 혈당 수치를 내리는 쪽으로 작용하죠.

이 GLP-1는 수명이 짧아서 몸 안에서 금방 분해되어 버립니다. 그런데 존 엥 박사가 발견한 엑센딘-4는 구조적으로 GLP-1을 매우 닮았으면서도 몸에서 잘 분해되지 않는 성질이 있었습니다. 혈당 수치를 내리는 작용을 오래 유지할 수 있으니, 약으로 쓰기에 적절한 물질이었던 거죠.

이러한 엑센딘-4에서 실마리를 얻어 태어난 새로운 당뇨병약을 'GLP-1 수용체 작용제'라고 합니다. 2005년 미국에서 세계 최초로 승인되었죠. 현재는 이 약을 필두로 트루리시티와 오젬픽, 리벨서스 등 다양한 유형의 상품이 판매되며 현역 당뇨병약으로 맹활약 중입니다. 트루리시티와 오젬픽은 2022년 의약품 판매 매출 세계 순위에 10위 안에 들 정도로 성장했고, 나란히 70억 달러가 넘는 매출을 달성하며 그야말로 제약 회사를 먹여 살리는 효자 상품으로 자리매김했습니다.

이 모든 걸 가능하게 한 존 엥 박사는 연구 공로를 인정

받아 2013년, 혁신적인 기초 연구에 주어지는 '황금거위상 (Golden Goose Award)'을 수상했습니다. 그냥 지나칠 수 있었던 도마뱀 독에서 명약이 탄생한 셈입니다.

제약의 역사를 되돌아보면 독에서 탄생한 약이 무척 많습니다. 오히려 모든 약이 독이라고 볼 수도 있어요. 우리는 인간에 이롭게 작용하면 약이고, 해롭게 작용하면 독이라는 식으로 구분하지만 말입니다.

그중에서도 살육을 목적으로 만든 맹독에서 탄생한 약 이야기가 참 인상적입니다. 바로 항암제입니다.

화학 무기에서 탄생한 항암제

제1차 세계 대전 중이던 1943년 12월, 이탈리아 남부의 바리라는 도시에서 연합군의 중요한 항구가 독일군의 대규모 공습을 받았습니다. 이 사건은 '바리 공습'으로 불리며, 연합군에게는 쓰라린 패배로 기록되어 있습니다. 그 중심에는 '겨자 가스' 유출이라는 참사가 있었습니다. 미국 수송선이었던 존 하비호에 2000발이나 되는 겨자 가스 폭탄이 비밀리에 실려 있었던 것입니다. 이는 독일군이 화학 무기를 사용할 경우를 대비한 보복용이었지만, 엄청난 참사를 낳고 말았습니다. 공습으로 인해 70톤에 달하는 맹독이 그대로 바닷물에 유출된 거예요. 증발한 일부는 죽음의 가스로 항구 마을에 퍼져 버렸습니다.

겨자 가스는 역사상 가장 많은 목숨을 앗아 간 독가스 중 하나입니다. 겨자처럼 톡 쏘는 특유의 냄새가 난다고 해서 이러한 이름이 붙었지요.(이 독가스의 정확한 명칭은 황 겨자sulfur mustard다. – 옮긴이)

사고 당시에 수많은 부상자가 의료 기관으로 옮겨졌지만, 겨자 가스의 존재 자체가 비밀에 부쳐졌기에 그 누구도 피해자들이 독가스에 중독되었다는 사실을 알지 못했어요. 그 결과 제대로 된 치료를 받지 못한 군인들이 80명 넘게 사망했고 민간인을 포함해 1000명 이상의 사람이 몇 개월에 걸쳐 목숨을 잃었습니다.

겨자 가스는 피부에 수포를 일으키는 화학 무기입니다. 그런데 많은 피해자가 나오면서 이 가스의 무서움이 단지 피부 반응에만 그치지 않는다는 사실이 밝혀졌습니다. 가스를 접한 피해자들의 혈액에서 백혈구 수가 급격히 줄어드는 기묘한 현상이 나타났거든요. 끔찍하게도 이 독가스는 골수를 콕 집어 공격해, 몸에서 피를 만드는 기능을 파괴하는 작용을 했습니다. 백혈구와 적혈구, 혈소판 같은 혈구는 골수에서 만들어집니다. 이 기능에 이상이 생기면 혈액 속에 새로운 혈구를 공급하지 못하죠.

특히 백혈구는 종류에 따라 다르지만, 수명이 대략 몇 시간에서 며칠로 짧은 편입니다.(적혈구의 수명은 약 120일, 혈소판은 약 10일) 혈구를 만들던 골수가 공격을 당하면 순식간에 혈액 속의 백혈구가 사라지며, 면역 기능이 파괴되고, 감염병으로 사망할 위기에 맨몸으로 노출됩니다.

이 점에 주목한 이들이 있었으니 바로 예일대학교의 약리학자, 앨프리드 길먼과 루이스 굿맨이었습니다. 혈구를 선택적으로 공격하는 이 가스의 특징을 잘만 응용하면 암 치료에 쓸 수 있겠다고 생각했거든요. 백혈병과 림프종 같은 혈액암은 혈구가 암으로 변해 무분별하게 증식하는 병입니다. 만약에 혈구만 선택적으로 공격할 수 있다면, 암으로 변한 혈구를 파괴할 가능성도 있었어요.

겨자 가스에서 비롯된 화합물인 '질소 머스터드'는 1940년대 이후로 림프종 치료에 사용되었고, 기대대로 놀라운 효과를 거두었습니다. 이는 '항암제'라는 개념이 세상에 없던 시절에 기적 같은 사건이었습니다.

훗날 질소 머스터드를 개량한 시클로포스파미드와 멜팔란 같은 다양한 약물이 항암제로 개발되어 오늘날에 이르렀습니다. 역설적이게도 전쟁에서 사람을 죽이기 위해 만든 독가스로 인해 항암제의 역사가 본격적으로 시작된 것입니다.

항암제의 효과와 부작용

겨자 가스로부터 탄생한 항암제를 아울러 '알킬화제'라고 부릅니다. DNA 합성을 방해해서 세포 분열을 억제하는 원리로 작용하죠. 세포가 분열하려면 설계도인 DNA 복제가 필수이기 때문입니다.

DNA는 이중 나선 구조를 이루고 있는데, 알킬화제는 이두 가닥의 사슬 사이에 '알킬기'라는 덩어리를 붙여 버립니다. 그러면 비정상적인 형태로 결합한 DNA 사슬이 떨어져 나가 버리고, 복제를 할 수 없게 됩니다. 자연히 세포도 분열하지 못하죠.

항암제에는 알킬화제뿐 아니라 다양한 유형이 있습니다. 알킬화제처럼 세포 분열 과정을 방해하는 형태로 작용하는 항암제를 '세포 독성 항암제'라고 부릅니다. 항암제 역사에서는 비교적 초기에 탄생한 약이라서 1세대 항암제라고 부르기도 합니다.

암세포는 무척 빠르게 세포 분열을 한다는 특징이 있습니다. 마구잡이로 늘어나 버리죠. 세포 독성 항암제를 쓰면 세포 분열을 방해해 암이 번지는 걸 억제할 수 있습니다.

그런데 문제는 우리 몸의 정상 세포도 매일 세포 분열을 통해 증식하고 성장한다는 점입니다. 그래서 이러한 항암제는 인체에서 특히 '세포 분열이 활발하게 일어나는 부위'에 부작용을 일으킵니다. 예를 들어 앞서 소개한 골수에서도 세포 분열이 활발하게 일어납니다. 혈액에 끊임없이 혈구를 공급하기 위해서죠. 그래서 항암 치료를 하면 백혈구가 줄어드는 부작용이 흔히 나타납니다.

또 머리카락을 만드는 모근 세포도 활발하게 분열하는 세포입니다. 우리가 평생 꼬박꼬박 미용실에 가서 머리카락을 다듬어야 하는 이유가 여기에 있죠. 이제 항암제가 왜 탈모를 일으키는지 이해될 거예요.

소장과 대장 같은 소화관 표면을 덮은 점막도 매일 벗겨지고 떨어져 나가, 새로운 세포로 교체됩니다. 이 신진대사에 문제가 생기면 점막이 떨어져 나가기만 하고 다시 자라지 않습니다. 그래서 항암제 부작용으로 설사도 흔하게 일어나요.

최근에는 세포 독성 항암제 외에도 놀라울 정도로 다양한 암 치료제가 탄생했습니다. 특히 21세기에 들어서 보급된 '분자 표적 치료'는 암세포의 증식에 관여하는 특정 분자만 표적으로 삼아 공격하기 때문에 부작용이 훨씬 적습니다. 지금은 이 표적 치료제만 해도 수두룩하게 출시되었습니다.

항암제의 역사는 그렇게 길지 않지만, 발전 속도만큼은 언젠가 인류가 암을 정복할 수도 있겠다는 희망을 품게 할 만큼 빠릅니다.

신과 악마의 약

암세포가 세균이나 바이러스 같은 외부의 적과 결정적으로 다른 점은 '정상적인 세포에서 탄생했다'는 점입니다. 변이를 거듭한 끝에 암세포로 탈바꿈한 세포들은 정상 세포의 '흔적'을 여전히 지니고 있어요. 그래서 암세포도 우리 몸이 성장할 때와 같은 방식으로 성장합니다.

1950년대 후반, 독일에서는 '탈리도마이드'라는 약물이 개발되었습니다. 원래는 진정제와 수면제로 개발되었는데, 입덧을 완화하는 효과가 있어서 임신부에게도 많이 처방되었습니다. 당시에는 임신부에게도 안전한 약으로 여겨졌거든요.

하지만 곧 세계 곳곳에서 특정한 기형을 지닌 신생아가 태어나는 사례가 나타났어요. 팔다리가 제대로 자라지 않아서 손발이 극단적으로 짧아지는 처음 보는 유형의 선천적 기형이었지요. 그 모양이 마치 바다표범과 비슷하다고 해서 '바다표범 손발증'이라고 불렀습니다. 탈리도마이드에는 팔과 다리를 형성하는 데 중요한 역할을 맡은 단백질에 문제를 일으키는 심각한 부작용이 있었던 것입니다.

1960년대에 이르러 탈리도마이드와 선천성 기형 사이의 인과 관계가 드러나면서 판매는 모두 중지되었습니다. 그러나 이미 많은 여성이 임신 초기에 복용한 뒤였기에 일본에서만 약 1000명, 전 세계적으로는 4000명 이상의 피해자가 발생했습니다. 이 탈리도마이드 사건은 전 세계적인 피해로 남은 약물 사고입니다.

그럼에도 불구하고 탈리도마이드에 대한 연구는 계속되었습니다. 특정 단백질에 강력하게 작용한다는 성질이 오히려 암 치료에 적용될 여지가 있었거든요. 수많은 임상 시험을 거친 결과, 탈리도마이드가 골수암의 일종인 다발 골수종에 놀라운 치료 효과를 보인다는 사실이 밝혀졌습니다. 다발 골수종은 치료가 매우 어렵고, 예후도 나쁜 병이었기 때문에 환자들에게는 신의 은총과 같은 소식이었습니다.

약물 사고가 일어난 지 40년이 넘은 2008년, 일본에서도 다발 골수종 치료를 위해 탈리도마이드를 다시 사용하도록 승인되었습니다. 또한 탈리도마이드를 개량한 탈리도마이드 유도체들이 속속 개발되었고, 지금은 연간 매출 약 10조 원 규모의 중요한 시장으로 성장했습니다.

연구가 진행되면서 탈리도마이드는 초반에 제기된 가설보다 훨씬 다양한 작용을 한다는 사실이 밝혀졌습니다. 다발 골수종뿐 아니라 여러 난치병 치료에도 효과가 있다고 판명되었죠. 물론 임신 가능성이 있는 여성은 사용할 수 없으나, 지금은 의료 현장에서 없어서는 안 될 중요한 치료제입니다.

이러한 역사적 배경에서 탈리도마이드는 '신과 악마의 약'이라는 별명을 얻었습니다. 어느 약이나 '신'이 될 수도, '악마'가 될 수도 있습니다. 약이라는 것은 신과 악마라는 두 얼굴을 동시에 가지고 있는 것이죠. 정상적인 조직에 주는 손상은 최소화하면서 약효를 최대화하기 위해서는 돌다리도 두드려 보고 건너는 심정으로 신중히 판단해야 합니다.

역사를 바꾼 항생제

페니실린의 발견

'라이소자임'은 균을 막는 작용을 하는 효소로, 지금은 식품에 첨가물로도 사용되는 물질입니다. 이 라이소자임을 처음으로 발견한 건 영국의 의학자 알렉산더 플레밍입니다. 지금으로부터 100여 년 전인 1920년대 일입니다.

그보다 조금 앞선 시기, 독일의 의사 로베르트 코흐는 '세균이 전염병의 원인이 된다'는 충격적인 사실을 최초로 증명했고, 그 공로로 1905년에 노벨상을 받았습니다. 그 후 인류는 세균을 죽이는 화합물을 찾기 위한 탐색을 시작했죠. 그러나 많은 연구가 난항을 겪었습니다. 아직 '항생제'라는 용어조차 없었을 때이니 그럴 만하죠.

플레밍은 소가 뒷걸음질하다 쥐를 잡은 격으로 우연히 라이소자임을 발견했습니다. 감기에 걸린 플레밍이 재채기를 했는데, 마침 앞에 있던 배양 용기로 콧물이 튀었고, 그 콧물에 닿은 세균이 죽어 버렸죠. 콧물 속에 병원균에 대항하는 성분이 있었던 겁니다.

라이소자임은 단백질로 이루어진 효소로, 분자 크기가 큰 탓에 특정한 장기에 침투시키기 적합하지 않았어요. 하지만 그로부터 7년 뒤, 플레밍은 다시 한번 그의 인생을 완전히 뒤흔드는 우연을 만납니다.

1928년 9월, 플레밍은 황색 포도상 구균이라는 균으로 실험을 하다가 용기 안에 곰팡이가 생긴 걸 발견했습니다. 곰팡이가 슨 용기는 실험에 쓸 수 없기에 보통은 바로 폐기했겠지만, 플레밍은 그러지 않았습니다. 놀랍게도 곰팡이 주위에만 세균이 자라지 않은 사실을 알아차렸거든요.

'혹시 이 곰팡이가 세균을 죽이는 물질을 분비하는 건 아닐까?' 하고 생각한 플레밍은 이 화합물을 푸른곰팡이의 학명인 페니실륨에서 따와 '페니실린'이라고 이름 지었습니다. 이

페니실린이 바로 인류가 최초로 개발한 항생제이며 의학의 역사, 아니 인류의 역사를 송두리째 뒤바꾼 약입니다.

1920년대에 플레밍이 이뤄 낸 이 두 가지 발견은 모두 '우연이 빚은 행운'이라는 뜻의 세렌디피티의 대표 사례로 지금도 입에 오르곤 합니다. 그러나 이 우연도 플레밍의 열정과 노력이 없었다면 일어나지 않았을 거예요.

제1차 세계 대전 중 플레밍은 전쟁터에서 의사로 일하면서 수많은 군인들이 상처 감염으로 손쓸 도리 없이 목숨을 잃는 것을 지켜봤습니다. 전쟁이 끝난 뒤에 그가 감염병 치료제 개발에 온 정성을 쏟은 건 우연이 아니라 '필연'이었습니다.

"행운은 준비된 사람에게 찾아오는 법이다." 프랑스의 미생물학자 루이 파스퇴르의 말로 알려진 이 격언은, 플레밍에게 일어난 행운을 정확히 설명해 줍니다.

1945년, 플레밍은 노벨 생리·의학상을 받았습니다. 수상 연설에서 그는 항생제를 안일하게 사용하면 약에 내성을 지닌 세균이 생길 우려가 있다고 경고했습니다. 오랜 시간 연구했기에 세균의 특성을 속속들이 꿰고 있던 거죠. 과연 그가 걱정한 대로 오늘날 인류는 항생 물질을 잘 견디는 '내성균'을 상대하게 되었습니다.

알렉산더 플레밍

교활한 세균이 도망치는 법

세균은 자신을 둘러싸는 '세포벽'이 없으면 살아남지 못합니다. 세포 분열을 해서 수를 늘릴 때도 세포벽을 새로 합성해야 하죠.

페니실린은 바로 이 세포벽을 만드는 데 필요한 'PBP'라는 효소에 결합해서 제대로 작용하지 못하도록 방해합니다. 그러면 세포벽을 만들지 못한 세균이 죽는 원리이죠. PBP는 '페니실린 결합 단백질(penicillin binding protein)'의 줄임말로, 이름 그대로 페니실린 발견 후에 찾아낸 물질입니다.

인간의 세포에는 세포벽이 없어서 페니실린은 우리 몸에는 영향을 주지 않고, 세균에만 작용합니다. 그래서 감염병 치료제로 사람에게 쓸 수 있었죠.

그런데 세균은 교묘했습니다. 1940년대부터 페니실린을 분해하는 효소를 만들어 내는 변종이 등장한 거예요. '페니실린 분해 효소'라는 이 효소 때문에 페니실린은 더 이상 힘을 쓰지 못했습니다.

창과 방패의 대결처럼 이번에는 인간 쪽에서 페니실린 분해 효소에 대항할 수 있는 '메티실린'이라는 새 항생제를 개발했습니다. 그러나 1960년에 사용하기 시작한 메티실린은 겨우 1년만에 내성을 보이는 세균을 만났습니다. 이 얄미운 세균은 '메티실린 내성 황색 포도상 구균'으로, 10년에서 20년 세월에 걸쳐 전 세계로 뻗쳐 나갔습니다. 영어 약자로는 MRSA라고 불러요.

MRSA가 내성을 지니는 방식은 참으로 교활합니다. 세포벽 합성에 PBP 대신 PBP2라는 효소를 만들어 써서 메티실린의 공격을 피해 버리는 거죠. PBP를 막을 생각만 하는 메티실린을 속이는 전략을 쓴 겁니다.

여기서부터는 인류와 세균의 쫓고 쫓기는 추격전이 시작되었습니다. MRSA에 맞설 수단으로 인류가 새로이 만들어 쓰고 있는 항생제가 '반코마이신'입니다. 흥미롭게도 반코마이신은 애초에 MRSA 감염증을 치료하기 위해 개발된 약은 아닙니다. 반코마이신은 1956년에 이미 다른 용도로 개발된 약이었거든요.

반코마이신이라는 옛 무기를 쓰다

반코마이신은 세계에서 세 번째로 큰 섬인 보르네오의 정글에서 얻었습니다. 정확히는 정글의 흙에 사는 진균(곰팡이, 효모를 포함하는 미생물)에서 얻어 냈죠. 반코마이신이라는 이름은 '정복하다'라는 뜻의 영어 단어에서 왔습니다. 페니실린이나 메티실린과 달리 반코마이신은 세포벽의 재료가 되는 펩티도글리칸의 전구체에 결합해서 세포벽을 만들어 내는 걸 방해합니다. 말하자면 세포벽을 만드는 효소를 막는 방식이 아닌, 세포벽의 재료 자체를 공격하는 방식이죠.

집을 짓는 과정에 비유하자면, 페니실린과 메티실린은 세포벽 합성에 필요한 효소, 즉 건축 도구를 못 쓰게 만드는 약이고, 반코마이신은 벽을 세울 벽돌 자체를 망가뜨리는 약입니다. 전혀 다른 방식으로 작동하는 덕에 반코마이신은 이전 약에 내성이 생긴 세균에 대항할 수 있었죠.

개발 초기에 반코마이신은 불순물이 많아 꺼림칙한 갈색으로 보여 '미시시피강의 진흙'이라며 비웃음을 받았습니다. 콩팥 같은 장기에 부작용이 잘 일어나 쓰기 까다롭기도 했죠.

그런데 MRSA 감염증이 세계적으로 퍼지면서 이에 대항할 항생제가 필요해졌습니다. 미국에서도 1970년대부터 MRSA로

골머리를 앓았죠. 이러한 배경에서 반코마이신이 다시 주목받게 된 것입니다. 그동안 활약할 자리를 찾지 못하고 꿔다 놓은 보릿자루 신세였던 반코마이신이 귀중한 무기로 쓰이게 되었습니다.

지금도 사용되는 반코마이신은 혈중 농도에 맞는 신중한 용량 조절이 필요한 약입니다. 다른 항생제와 비교하면 여전히 '쓰기 까다로운 약'이죠. 그러나 MRSA에 대항하는 무기로는 여전히 없어서는 안 되는 항생제입니다.(MRSA 이외의 세균에 활용하기도 합니다.)

역사는 반복된다고 하지요. 이미 반코마이신도 통하지 않는 내성균이 여럿 나타났고, 인류와 세균의 '술래잡기'는 계속되고 있습니다. 지금까지 소개된 이야기는 황색 포도상 구균에 대한 치료법이었지만, 감염병을 일으키는 세균은 셀 수 없이 많습니다. 이 하나하나에 인류와 세균이 벌인 끝없는 술래잡기의 역사가 존재합니다.

언젠가 내성균과의 싸움이 끝난다면, 그건 인류가 감염병을 정복해서가 아닐지 모릅니다. 오히려 예전처럼 감염병이 인류를 쥐락펴락하던 때로 되돌아간 날이지 않을까요?

획기적인 신약의 등장

날개 돋친 듯 팔려 나간 약

미국에 '발명가 명예의 전당'이라는 단체가 있습니다. 뛰어난 과학 기술과 발명을 기념하기 위해 설립되어 지금까지 6000명이 넘는 발명가가 이 전당에 이름을 올렸죠. 그중 한 명인 엔도 아키라 박사를 소개해 보려 합니다. 그는 2012년에 명예의 전당에 이름을 올린 첫 번째 일본인으로, 농학을 전공한 박사입니다.

엔도는 2006년에 일본 국제상, 2008년 래스커상, 2017년 캐나다 게어드너 국제상 등 세계적인 의학자와 과학자에게 주는 상을 줄줄이 받았습니다. 의학 발전에 막대한 영향을 끼친, 세계적으로 저명한 과학자라고 할 수 있죠.

그의 가장 큰 공로는 바로 콜레스테롤 억제제인 '스타틴'을 개발한 것입니다. 스타틴은 현재 전 세계 100개국 이상에서 매일 4000만 명 이상이 복용하고 있는, 대중적인 약물입니다. 어쩌면 여러분 주위에도 콜레스테롤 수치가 높다는 검진 결과를 받고 스타틴 계열의 약을 복용 중인 사람이 있을지 몰라요.

스타틴은 1987년에 최초로 세상에 나왔습니다. 그 뒤로 스타틴에 뿌리를 둔 약물이 만들어졌고, 전 세계적으로 폭발

스타틴 계열 주요 약품

일반명	주요 상품명
아토바스타틴	리피토
심바스타틴	리포바스
피타바스타틴	리바로
프라바스타틴	메바로친
로수바스타틴	크레스토
로바스타틴	메바코

적인 판매량을 기록했어요. 인류 역사상 최초로 연간 매출 100억 달러를 돌파한 약이 바로 스타틴 계열 약품인 '리피토'입니다. 그만큼 스타틴은 누구도 부인할 수 없을 정도로 의학사에 한 획을 그은 약입니다.

곰팡이에 빠져 만든 약

엔도 아키라 박사는 일본 아키타현의 농촌에서 태어났습니다. 풍요로운 자연환경에서 지낸 덕에 어린 시절부터 곰팡이와 버섯에 관심이 많았죠. 그러다 대학 시절에 페니실린의 아버지인 알렉산더 플레밍의 전기를 읽고는 푸른곰팡이에서 인류를 구할 약을 발견해 낸 그의 업적에 강한 동경심을 품었습니다.

세상에 없던 약을 만들어 사람들의 생명을 구하고 사회에 이바지하고 싶다는 꿈을 품은 엔도는 1957년 제약 회사에 들어가 신약 연구 개발에 나섰습니다. 그 역시 곰팡이에 주목했습니다. 항생제 이외에도 인류에 보탬이 되는 물질을 만들어 낼 거라 확신했기 때문입니다.

1971년부터 시작된 연구에서 엔도는 무려 6000종이 넘는 곰팡이를 분석했습니다. 그리고 마침내 1973년 7월, 콜레스테롤 합성을 방해하는 물질을 만들어 내는 곰팡이를 세계 최초로 찾아냈습니다.

우연히도 이 곰팡이 역시 푸른곰팡이의 일종인 페니실륨 시트리눔이었습니다. 스타틴은 '제2의 페니실린'이라 불릴 정도로 큰 주목을 받으며, 이후 의약품 업계에 큰 반향을 일으켰습니다.

미국 생활에서 느낀 문제

그렇다면 엔도는 왜 콜레스테롤 수치를 낮추는 약물을 개발하려 했을까요? 1966년부터 2년 동안 머물렀던 미국에서의 유학 생활이 계기가 되었습니다. 그때 미국에서 연간 수십만 명의 사람이 심장병으로 사망하는 현실을 목격하며 큰 충격을 받았거든요.

당시 미국 사회에서는 칼로리 과다 섭취로 인한 비만과 빠르게 퍼진 자가용 문화로 인한 운동 부족이 문제였습니다. 비만과 운동 부족으로 생기는 성인병은 혈관에 동맥 경화를 일으키고, 심근 경색 같은 질병이 생길 위험을 높입니다. 자연히 심혈관 질환으로 죽는 사람이 폭발적으로 늘어났고, 이는 곧 미국 사회의 중대한 문제로 부각되었습니다.

그런데 이 심혈관 질환의 위험 요소 가운데 하나가 바로 높은 혈중 콜레스테롤 수치입니다. 그 당시에는 콜레스테롤을 안전하면서도 효과적으로 낮추는 약이 없었습니다. 엔도는 그 지점에서 신약 개발의 가능성을 발견했습니다.

특히 콜레스테롤 중에서도 저밀도 콜레스테롤은 일명 '나쁜 콜레스테롤'로 알려져 있을 만큼 동맥 경화와 밀접한 관련이 있습니다. 핏속 저밀도 콜레스테롤 농도가 높은 경우, 혈관 내벽에 상처가 생기면 콜레스테롤이 혈관 벽으로 파고들어 '산화 저밀도 지단백'이라는 해로운 물질로 바뀝니다. 우리 면역 체계는 이를 없애야 할 이물질로 인식하고, 면역 세포를 보내지요. 그러면 대식 세포가 모여들어 산화 저밀도 지단백을 잡아먹습니다.

그런데, 산화 저밀도 지단백이 너무 많으면 오히려 대식 세포가 죽어 버리고 그 사체가 혈관 벽에 쌓여 버립니다. 죽처럼 걸쭉한 이 핏덩이를 혈전이라고 해요. 혈전이 쌓이면 혈관 내벽이 좁아지고 동맥벽이 딱딱해지고 말죠. 그래서 핏속 저밀도 콜레스테롤 수치를 낮추는 게 동맥 경화 예방으로 이어지는 거예요.

동맥 경화를 일으킨 혈관

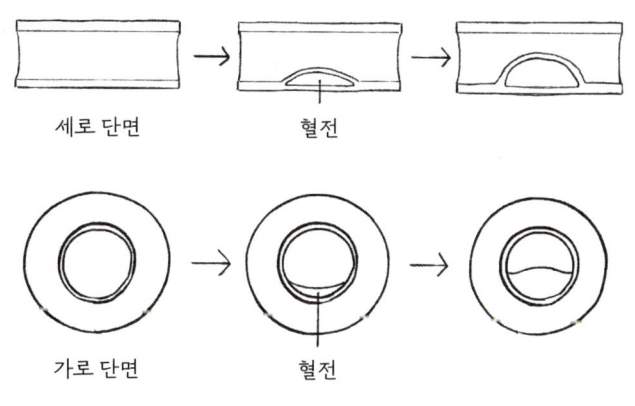

세로 단면   혈전

가로 단면   혈전

스타틴이 인체와 세상에 끼친 영향

그렇다면 스타틴은 어떤 원리로 콜레스테롤 수치를 내려주는 걸까요? 우선 콜레스테롤은 대부분 우리 몸에서 만들어냅니다. 우리가 음식을 먹으면 그 영양분으로 간에서 콜레스테롤을 만드는데, 이렇게 체내에서 만들어지는 비율이 전체 콜레스테롤의 70~80퍼센트를 차지합니다. 식사로 직접 섭취하는 콜레스테롤은 20~30퍼센트에 불과해요.

성인병과 관련 있다 보니 많은 사람들이 콜레스테롤을 무조건 해로운 물질로 오해합니다. 사실은 우리가 살아가는 데 꼭 필요한 물질이 바로 콜레스테롤이에요. 우리 몸을 이루는 세포 하나하나를 감싸는 세포막의 성분이고, 호르몬의 재료가 되며, 쓸개즙의 원료이기도 하거든요.

몸에서 콜레스테롤을 만들어 내는 과정은 몹시 복잡합니다. 스타틴은 이 과정을 이루는 30가지가 넘는 효소 중에서도 과정이 이루어지는 속도를 좌우하는 '속도 결정 단계' 담당 효소를 집중적으로 공략합니다. 그래서 몸에서 콜레스테롤이 만들어지지 않도록 효율적으로 차단하죠.

말하자면 스타틴은 인류에게 최초로 주어진 콜레스테롤 생성 과정을 제어하는 수단입니다. 인체라는 블랙박스를 푸는 하나의 돌파구가 마련된 셈이죠. 단순히 콜레스테롤 수치를 낮추는 치료제를 넘어, 콜레스테롤 대사 연구의 지평을 연 약물입니다.

1985년, 콜레스테롤 대사가 어떻게 이루어지는지를 풀어 낸 업적으로 노벨 생리·의학상을 받은 미국의 과학자 조지프 골드스타인도 엔도 박사와 수시로 정보를 교환하며 연구를 진행했습니다. 그만큼 스타틴은 한 명의 과학자가 만든 약물의 차원을 넘어, 세계적 연구와 의학 발전을 이끈 기념비적인 발견이라 할 수 있습니다.

세계 최초로
호르몬을 추출하다

아드레날린의 발견

부신은 콩팥 위에 하나씩 자리한 작은 장기로, '겉질'과 '속질'이라는 두 부분으로 나뉘어 있습니다. 예전부터 동물의 부신 겉질 성분이 혈압을 높이고 혈관을 수축시키는 작용이 있다고 알려져 과학자들의 관심을 받아 왔습니다. 그러나 그 정체는 오랫동안 베일에 싸여 있었죠.

그러다 1900년 7월, 화학자 다카미네 조키치의 조수로 있던 야마나카 게조가 소의 부신에서 이 물질을 최초로 추출하는 데 성공했습니다. 당시 미국에서 연구 중이던 다카미네 박사는 부신의 영어 명칭(adrenal glands)에서 이름을 따 이 물질을 '아드레날린(adrenaline)'이라고 이름 붙였습니다. 인류가 처음으로 손에 넣은 호르몬이었습니다.

호르몬은 몸속 여러 장기에서 생성되어 핏속을 순환합니다. 아주 적은 양으로 몸의 기능을 조절하는 정보 전달 물질이죠. 아드레날린을 시작으로 인체에서 많은 호르몬이 발견되었습니다.

다카미네는 아드레날린을 두고 특허를 신청했고, 1901년에 미국 대표 제약 회사인 파크데이비스와 손을 잡아 아드레날린 상품화에 성공합니다. 미국에서뿐 아니라 전 세계로 새로운 약이 퍼져 나갔죠. 파크데이비스는 여러 변화를 거쳐 2000년에 화이자라는 회사에 합병되었습니다.

발견된 지 100년이 지난 지금도 아드레날린은 의료 현장에서 빼놓을 수 없는 의약품입니다. 의학 드라마를 보면 심정지 환자에게 심폐 소생술을 처치할 때 아드레날린을 투여하는 장면이 자주 나옵니다. 아드레날린이 심장을 채찍질해서 혈관을 수축시키고 혈압을 올리는 약이기 때문이죠.

일상에서도 아드레날린이라는 단어는 널리 사용됩니다. 긴장하거나 공포를 느낄 때 흔히 '아드레날린이 솟구친다'는 표현을 사용하지요. 실제로 아드레날린은 교감 신경이 자극될 때 부신 속질에서 분비되어 심박 수와 혈압을 상승시키고, 혈관을 수축시키며, 동공을 확장시키는 작용을 합니다. 일상 대화에서 사용하는 아드레날린이 분비된다는 표현은 의학적으로도 정확한 표현인 거죠.

다카미네 조키치

아드레날린이 분비되는 상황을 '투쟁 도피 반응'이라고 부릅니다. 투쟁은 싸움을, 도피는 도망을 의미하는데 위기 상황에서 몸이 맞서 싸울 건지 도망칠 건지를 결정하기 위해 준비하느라 흥분된 상태를 말합니다.

아드레날린이냐, 에피네프린이냐

의료 현장에서는 아드레날린이 아닌 에피네프린으로 부르는 사람도 많습니다. 제가 있는 일본에서는 2006년에 약품의 정식 명칭을 '아드레날린'이라 정하기 전까지 '에피네프린'이라 불렀거든요. 이 흔적이 지금도 남아 있어서 중증 알레르기 반응인 아나필락시스 치료에 쓰는 주사기를 '에피펜'이라고 부릅니다. 여기서 '에피'는 '에피네프린'에서 나온 거예요.

다카미네 연구팀과 같은 시기에 미국 존스홉킨스대학교의 존 에이블은 양의 부신에서 어떤 성분을 추출해 내고는 이 물질에 '에피네프린(epinephrine)'이라는 이름을 붙였습니다. 이름의 뜻을 풀면 콩팥의 윗부분을 일컫는 말이에요. 부신이 콩팥 위에 있는 장기라서 이런 이름을 붙였죠.

사실 당시 에이블 박사가 추출한 물질은 다카미네 연구팀이 추출한 순수한 아드레날린과 달리, 군더더기 구조가 함께였습니다. 그럼에도 미국에서는 에이블 박사의 공로를 인정해 순수한 부신 속질 호르몬을 에피네프린이라 부르게 되었습니다. 결과적으로 지금은 아드레날린과 에피네프린을 동의어로 쓰고 있습니다.

존경받는 화학가이자 사업가

다카미네 박사가 역사에 이름을 남긴 의약품은 아드레날린 말고도 하나 더 있습니다. 바로 '다카디아스타제'라는 소화제입니다.

일본의 작가, 나쓰메 소세키의 소설《나는 고양이로소이다》에서는 위장이 약한 진노 구샤미라는 선생을 주인공인 고양이의 시선으로 이렇게 묘사합니다.

"그는 위가 약해 피부색이 누렇게 뜨고 탄력이 없어 매가리 없는 징후를 드러내고 있다. 그런 주제에 밥은 또 옴팡지게 먹는다. 배가 두둑하게 먹고 나서는 다카디아스타제라는 소화제를 자신다."

여기 등장하는 다카디아스타제가 다카미네가 발명해 말하자면 대박을 터뜨린 상품입니다.

다카미네는 1890년에 가족과 함께 미국으로 건너갔습니다. 그곳에서 1894년, 청주라는 술을 만들 때 쓰는 곰팡이의 일종인 누룩에서 소화 효소인 다이아스테이스(diastase)를 얻어 냈습니다. 그리고 자신의 이름을 딴 '다카디아스타제'라는 이름을 붙였죠.

이듬해인 1895년, 파크데이비스는 이 약을 미국에서 위장약으로 출시해 큰 성공을 거두었습니다. 이로 인해 다카미네와 파크데이비스 사이에 논녹한 신뢰가 쌓였고, 이 인연이 후에 아드레날린 발매로도 이어졌습니다.

미국 출시 3년 후, 일본에서도 이 약이 출시되었습니다. 당시 다카디아스타제를 팔기 위해 만들어졌던 회사들은 현재 굵직한 대기업이 되었습니다. 오늘날에도 다카디아스타제는 일본 국민들에게 국민 소화제로 오래 사랑받고 있죠.

다카미네는 의원이었던 아버지와 양조장집 딸이었던 어머니 사이에서 태어났습니다. 누룩을 이용해 약을 만들겠다는 발상은 이러한 가정 환경에서 비롯되었을지도 몰라요.

다카미네의 활약은 의약품에만 그치지 않습니다. 도쿄의 공부대학교(훗날 도쿄대학교 공학부)를 수석으로 졸업하고 유학을 떠난 그는 영국에서 최신 과학 기술을 접했습니다. 당시 일본에서는 사람의 분뇨로 만든 비료를 주로 사용했지만, 화학 비료를 인공적으로 만들어 쓸 수 있다는 걸 알게 되었죠.

인구가 늘면 식량이 많이 필요해집니다. 자연히 농작물의 생산량도 늘어나야 하죠. 19세기 초반에 영국에서 탄생한 인공 화학 비료는 당시 '인광석'이라는 돌을 활용해 만들어 냈습니다. 다카미네는 이 기술을 일본에 들여와 1887년에 일본 최초의 화학 비료 제조 회사인 도쿄인조비료회사를 창업했습니다. 지금의 닛산화학주식회사의 모태가 되는 기업이죠.

이처럼 다카미네는 화학 지식을 토대로 유용하면서도 사회에 변화를 일으키는 사업들을 해냈습니다. 일본에서 그가 근대 생명 공학의 아버지로 존경받는 이유입니다.

기적을 일으킨 신약

신비로운 '화합물 E'

부신 속질과 마찬가지로, 부신 겉질 역시 우리 몸에 꼭 필요한 호르몬을 분비하는 장기입니다. 그런데 이렇게 중요한 장기의 존재가 알려진 건 20세기 중반에 이르러서였습니다.

미국 메이오클리닉의 연구원이었던 에드워드 켄들과 스위스의 화학자 타데우시 라이히슈타인은 1930년부터 장장 10년에 걸쳐 부신 겉질에서 다양한 화합물을 차례로 추출하고 그 구조를 분석했습니다.

이 연구의 출발점은 부신 겉질의 기능이 저하되는 병에 걸린 애디슨병 환자에게 소의 부신 겉질에서 얻은 물질이 효과가 있다는 보고였습니다. 이 물질의 정체를 밝히면 애디슨병 치료제를 개발할 수 있으리라는 기대를 안고 연구를 시작한 겁니다.

애디슨병은 1855년 영국의 내과 의사 토머스 애디슨이 자신의 이름을 따 최초로 이름 붙인 병입니다.(질병관리청의 국가 관리 대상 희귀질환 목록에 올라 있는 질환이다. ‒옮긴이) 부신 겉질에서 나오는 호르몬이 만성적으로 부족한 탓에 갖가지 증상을 보입니다. 소의 부신 겉질에서 추출한 물질이 효과가 있었던 이유는, 부족한 호르몬을 외부에서 보충할 수 있었기 때문이었죠.

켄들이 발견한 '화합물 E(Compound E, 후에 코르티손이라는 이름이 붙음)'는 여러 화합물 중에서도 특히 활성이 강했는데, 얻을 수 있는 양이 너무 적었습니다. 그래서 켄들은 독일의 제약 회사인 머크와 손을 잡고 화합물 E를 대량으로 생산하기 시작했고, 환자에게 써 보는 임상 응용의 길을 열게 되었습니다.

그때만 해도 이 연구가 나중에 노벨상을 받을 만큼 기적적인 치료제로 이어지리라고는 누구도 상상하지 못했습니다. 전환점을 이룬 건 켄들과 같은 연구소에서 근무하던 내과 의사

필립 헨치였습니다.

헨치는 오래전부터 류머티즘 관절염 환자의 증상이 황달이나 임신 같은 특정한 사건으로 개선된다는 사실에 주목해 왔습니다. 명확한 이유는 알지 못했지만, 그동안 환자를 봐 온 경험을 살려서 '우리 몸이 특정한 스트레스에 노출되면 만들어 내는 물질이 관절염 개선과 관련이 있다'는 가설을 세웠습니다. 다만, 그 물질이 무엇인지 정체는 알 수 없었죠.

이땐 류머티즘 관절염에 쓸 치료제가 없어서 병세가 심해지면 환자들이 거의 앓아누운 채 고통을 겪어야 했습니다. 자리에 누워 일어나지 못하는 환자의 불편을 보고 들은 헨치는 어떻게든 그 물질의 정체를 밝히겠다고 결심했고, 켄들이 합성한 수수께끼 '화합물 E'의 효과에 기대를 걸었습니다.

헨치가 세계 최초로 화합물 E를 쓴 사람은 류머티즘 관절염으로 거동하지 못했던 20대 여성이었습니다. 이 환자는 단 4일 만에 극적으로 회복했고, 긴 재활 없이도 다시 걸을 수 있게 되었습니다. 부신 겉질 호르몬이 염증을 억제하는 효과가 있다는 사실이 처음으로 증명된 순간이었습니다.

이후 이 약은 류머티즘 관절염뿐만 아니라, 다양한 자가 면역 질환(몸 안의 면역 체계가 자기 몸을 공격하는 질환)에 시달리는 환자들에게 희망의 치료제로 자리 잡았습니다. 현재는 다양한 용도에 맞게 효과적으로 발전해 의료 현장에서 결코 빠질 수 없는 약이 되었어요.

그리고 1950년, 켄들, 라이히슈타인, 헨치 세 사람은 나란히 노벨 생리·의학상을

필립 헨치

받았습니다. 지금은 일반인들도 부신 겉질 호르몬과 부신 겉질 스테로이드가 염증을 가라앉힌다는 사실을 인식할 만큼 널리 알려진 약으로 자리 잡았습니다.

다양한 스테로이드

'스테로이드'라는 단어를 들으면 염증을 가라앉히는 데 쓰는 연고나 흡입약, 복용약 같은 걸 떠올리는 사람이 많습니다. 어쩌면 운동선수가 써서 도핑 논란이 되었다는 근육 강화제를 떠올릴 수도 있겠죠. 사실 둘 다 '스테로이드'에 속하지만, 종류가 완전히 다른 호르몬입니다.

스테로이드는 공통된 스테로이드 골격 구조를 지닌 화학 물질을 아울러 이르는 용어라 그렇습니다. 전혀 다른 작용을 하는 화학 물질이더라도 이 구조면 스테로이드로 분류되는 거죠. 메탄올과 에탄올, 프로판올 등을 묶어 '알코올'이라 부르는 것과 마찬가지입니다.

스테로이드 골격 구조

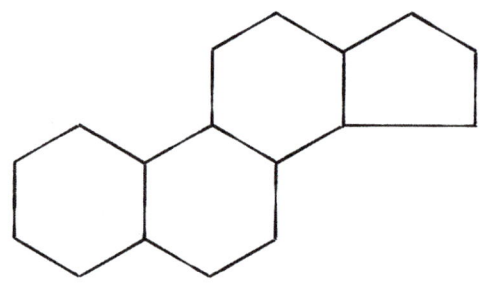

스테로이드 골격 구조를 지닌 화학 물질은 우리 몸 안에도, 자연계에도 널리 존재합니다. 예를 들어 콜레스테롤 역시 스테로이드 골격 구조를 지닌 대표적인 물질이에요. 앞서 설명한 대로 우리 몸은 콜레스테롤을 원료로 다양한 '스테로이드 호르몬(스테로이드 골격 구조를 갖춘 호르몬)'을 만들어 냅니다.

부신 겉질에서뿐 아니라 정소와 난소에서도 스테로이드 호르몬이 만들어집니다.

흔히 여성 호르몬이라 부르는 에스트로겐(난포 호르몬)을 비롯해 임신을 유지하는 프로게스테론(황체 호르몬), 남성 호르몬의 하나인 테스토스테론은 한 번쯤 들어 봤을 성호르몬들입니다. 생식기 형성과 성기능 유지, 임신 준비와 지속에 중요한 작용을 하는 호르몬으로, 난소와 정소에서 분비되죠.(일부 호르몬은 부신 겉질에서도 분비됩니다.)

한편, 부신 겉질에서 분비되는 스테로이드 호르몬도 여럿인데, 그중에서도 특히 활성이 강한 호르몬이 알도스테론과 코르티손입니다.

부신 겉질 호르몬의 역할

알도스테론과 코르티손은 고등학교 생물 시간에 배우는 대표적인 호르몬입니다. 이름이 조금 복잡하고 생소하게 느껴질 수도 있지만, 찬찬히 살피면 뭐 하는 물질들인지 어렵지 않게 이해할 수 있을 거예요.

먼저 알도스테론부터 볼까요? 우리 몸은 전해질 농도를 일정하게 유지해야 하는데, 바로 이 알노스테론이 그 역할을 히고 있죠. 콩팥에서 작용하여 나트륨 같은 필수 전해질이 부족해지지 않도록 조절합니다.

코르티손은 포도당 신생 합성을 촉진합니다. 말하자면 단백질과 지질에서 다시 당을 합성하는 거예요. 혈당을 올리는 것이 코르티손의 주요 역할인데, 염증을 억제하는 독특한 작용도 합니다.

예전에는 호르몬을 동물이나 사람의 몸에서 직접 추출해 구조와 기능을 분석했습니다. 지금은 대부분 인공적으로 합성할 수 있게 되었어요. 예를 들어 인슐린은 이자에서 분비되는 호르몬인데, 이제는 유전자 조작 기술로 대량 생산할 수 있게 되었죠. 이렇게 만든 인슐린 제제는 당뇨병 치료에 쓰이고 있습니다.

화학 물질 합성으로 호르몬을 인공적으로 만들 수 있게 되면서 가능해진 건 대량 생산뿐만이 아닙니다. 인체에서 만들어지는 호르몬에서 실마리를 얻어, 일부 구조를 바꾸어 특정한 기능을 강화하거나 부작용을 억제하는 식으로 개량도 이루어지고 있죠.

사람들이 '스테로이드 제제'라고 하면 흔히 떠올리는 물질도 포도당 신생 합성을 촉진하는 '당질 코르티코이드 작용'을 강화한 합성 스테로이드입니다. 덱사메타손, 프레드니손 같은 합성 스테로이드는 몸 안에 있는 코르티손보다 많게는 몇십 배 이상의 효과를 발휘하며 염증을 효과적으로 억제합니다. 이러한 약물은 연고, 복용약, 주사제, 흡입제 등 다양한 형태로 활용되고 있으며 약국에서 데카드론, 프레드니손, 린데론 등의 이름으로 만나 볼 수 있습니다.

하지만 맡은 역할 때문에 부작용도 나타납니다. 혈당과 혈압을 과하게 상승시키거나 얼굴이 보름달처럼 붓는 쿠싱 증후군 등의 부작용이 알려져 있죠. 부작용을 최소한으로 줄이려면 다른 약물과 적절히 함께 쓰는 처방이 중요합니다.

한편, 성호르몬 계열의 합성 스테로이드 역시 치료제로 널리 사용됩니다. 에스트로겐, 프로게스테론, 테스토스테론 제제 같은 약들이 있죠.

예를 들어 먹는 피임약에는 에스트로겐과 프로게스테론이 함께 들어가 있습니다. 이 호르몬들은 원래 뇌에서 신호를 보내면 난소에서 분비되는 여성 호르몬입니다. 그런데 피임약을 먹으면 우리 몸에 이러한 호르몬들이 충분히 있다고 판단해 뇌가 난소에 신호를 보내지 않습니다. 그러면 배란이 억제되고, 임신을 막는 효과로 이어지죠.

남성 호르몬인 테스토스테론은 남성의 생식 기능을 유지할 뿐 아니라, 단백질을 합성해 근육을 성장시키는 일을 합니다. 근육 힘을 강하게 하는 아나볼릭 스테로이드(단백 동화 스테로이드)는 국제 경기에서 금지하는 도핑 약물입니다. 이 약도 테스토스테론과 같은 종류의 합성 스테로이드입니다.

단순히 '스테로이드'라는 말로 뭉뚱그려 부르지만, 알고 보면 그 안에는 다양한 종류가 있고 각각의 작용도 복잡합니다. 모두 우리 몸에 꼭 필요한 역할을 하는 중요한 물질이죠.

무엇보다 흥미로운 점은 인류가 스테로이드를 구태여 이용하기 훨씬 전부터, 우리 몸 안에 이 귀중한 물질이 이미 존재하고 있었다는 사실입니다. 만물의 영장인 인류가 지혜를 발휘해 온갖 약을 발명하는 과정은 무에서 유를 창조하는 듯 보일 수 있습니다. 그러나 알고 보면 대부분 인체를 비롯해 이미 자연계에 존재하던 물질을 재발견한 데에 지나지 않을 때가 많습니다.

모르핀과 아편, 그리고 진통제의 역사

모르핀과 그리스 신화

놀랍게도 까마득한 고대 시대에 쓰던 약초와 생약이 요즘 의료 현장에서도 현역으로 활약하는 경우가 많습니다.

그 대표적인 예가 바로 양귀비에서 얻은 아편입니다. 고대 이집트인들도 양귀비즙을 건조해서 만든 생약은 통증을 줄이고 정신을 안정시키는 걸 알고 있었죠. 하지만 강한 중독성이 장차 전쟁의 시발점이 되기도 했습니다.

18세기 말, 영국의 동인도회사는 중국 청나라에 아편을 수출하며 막대한 이익을 챙겼습니다. 아편 중독자와 무역 적자가 늘어나면서 골머리를 앓던 청나라 정부는 1796년부터 아편 수입을 금지했습니다. 이에 반발한 영국이 청나라를 상대로 일으킨 전쟁이 바로 '아편 전쟁'입니다.

전쟁을 일으킬 정도로 화젯거리였지만, 아편의 강력한 진통, 진정 효과가 어디서 비롯되는지는 오랜 시간 수수께끼였습니다. 이를 풀어낸 건 독일의 약사였던 프리드리히 제르튀르너였습니다.

실험을 거듭하던 제르튀르너는 1804년, 마침내 아편의 유효 성분을 추출하는 데 성공합니다. 그는 이 물질에 그리스 신화에 등장하는 꿈의 신인 '모르페우스'의 이름을 따서 '모르핀'이라는 이름을 붙였습니다. 당시 제르튀르너는 고작 스물한 살의 청년이었죠.

모르핀은 뇌와 척수 같은 신경계에 작용해 통증이 전달되는 걸 차단하여 진통 작용을 한다고 추정됩니다. 이런 작용을 하는 물질을 지금은 '오피오이드(opioid)'라고 아울러 부릅니다. 아편을 영어로 오피움(opium)이라고 하는데, 오피오이드라는 단어는 '아편과 같은 물질'이라는 뜻이죠.

오늘날에는 모르핀 외에도 옥시코돈, 트라마돌, 펜타닐 같은 다양한 오피오이드가 만들어져 의약품으로 활용되고 있습니다. 의료 현장에서는 흔히 '의료용 마약'으로 부르며 특히 암 환자의 극렬한 통증을 다스리는 데 사용합니다.

의료용 마약이라는 말 때문에 '혹시 중독되면 어쩌지?' 하고 염려하는 사람도 많을 텐데, 의사의 권고에 따라 적절하게 사용하면 중독될 걱정은 없습니다. 먹는 약, 바르는 약, 몸 안에 끼워 넣는 좌약, 주사약 등 다양한 형태로 용도에 맞게 쓰며 환자에게 편리한 방식으로 통증을 다스릴 수 있어요.

특히 모르핀은 드라마와 소설 같은 매체에서 보고 말기 암 환자에게나 쓰는 약이라 생각하는 사람도 많은 듯합니다. 그렇지만 그건 편견입니다. 말기뿐 아니라 초기 암 단계에서도 필요한 약이거든요. 의사는 필요에 따라 진통제를 적절하게 활용해 환자 삶의 질이 떨어지지 않도록 관리해야 합니다. 현명한 약물 처방과 사용이 중요한 까닭이죠.

진통제의 기원이 된 식물

통증은 참 불쾌한 감각입니다. 기원전부터 의학은 이 통증을 다스리고자 온갖 방법을 동원하고 효과적인 수단을 찾으려 노력해 왔습니다. 앞서 소개한 아편이 아주 적절한 예시죠.

오늘날 가정에서도 널리 사용하는 진통제로 록소프로펜,

디클로페낙, 이부프로펜 등이 있습니다. 이 약들은 모두 '비스테로이드성 항염증제'로 그 뿌리를 따져 보면 모두 식물 성분에서 나왔다는 공통점이 있습니다.

고대 그리스 시대부터 버드나무 잎이나 나무껍질이 통증을 줄이는 데 쓰였지만, 무엇이 그러한 진통 효과를 내는지는 아편과 마찬가지로 알려져 있지 않았습니다. 버드나무의 약효 성분이 추출되고, 버드나무의 학명(Salix)에서 비롯된 '살리실산(salicylic acid)'이라는 이름이 붙은 건 19세기에 와서입니다.

살리실산은 위장 장애와 같은 부작용이 심해 그대로는 쓰기 어려웠습니다. 이에 1899년, 독일의 제약 회사인 바이엘이 살리실산의 화학 구조를 살짝 바꾼 '아세틸살리실산'을 개발했고, 이를 '아스피린'이라는 상품으로 출시했습니다.

아스피린은 그야말로 대박을 터트렸습니다. 마법의 약으로 알려질 만큼 사랑받으며 세계에서 가장 많이 팔린 진통제로 기네스북에 올랐죠. 바이엘 또한 세계적인 명성을 얻으며 큰 기업으로 성장했습니다.

아스피린은 염증을 유발하는 프로스타글란딘이라는 물질이 생기지 못하도록 해 염증을 억제하고, 통증과 발열을 막습니다. 이 작용을 영국의 약리학자인 존 베인이 밝혀서 1982년 노벨 생리·의학상을 받았죠.

1999년에는 아스피린 출시 100주년을 기념하여 123미터 높이의 바이엘 본사 건물이 아스피린 포장으로 꾸며졌습니다. 라인강을 배경으로 우뚝 솟은 거대한 아스피린은 '세계에서 가장 큰 약 포장'으로 다시 한번 기네스북에 올랐습니다.

진통제의 어두운 역사

통증과 맞서던 인류의 노력은 때로는 어두운 그림자를 남기기도 했습니다.

세계적으로 불티나게 팔린 '아스피린'이 개발되던 당시, 그 뒷이야기는 잘 알려지지 않았죠. 바이엘의 연구원 하인리히 드레서는 모르핀을 개량한 '디아세틸모르핀'이라는 물질을 개발했습니다. 아세틸화라는 화학 반응을 거쳐 개량된 이 화합물은 인류를 아픔에서 건져 낼 명약처럼 보였습니다. 모르핀보다 8배나 효과가 뛰어나고, 지속 시간은 짧았으며 효능이 우수했거든요. 모르핀을 대신할 효자 상품이 되리라는 기대를 한 몸에 받았죠.

바이엘은 1898년에 이 디아세틸모르핀을 판매하기 시작했습니다. 이 약에는 영웅을 뜻하는 그리스어 '헤로스'에서 이름을 따 '헤로인(heroin)'이라는 이름이 붙었습니다. 이듬해 1899년에는 연간 1톤이라는 엄청난 양의 헤로인이 합성되어 전 세계로 팔려 나갔습니다.

하지만 곧 헤로인의 심각한 문제가 드러났습니다. 중독성이 엄청나 도저히 약으로 쓸 수 없었던 겁니다. 남용 문제로 헤로인은 1913년에 제조가 중지되었고, 현재 사용은 물론 갖고 있는 것도 불법인 마약이 되었습니다. 약을 개발할 당시에는 제약과 임상 시험 등의 체계가 오늘날만큼 갖추어지지 않았던 탓에 이런 걷잡을 수 없는 결과를 맞이한 것이죠.

참고로 모르핀에서 메틸화라는 화학 반응을 거쳐 생기는 '메틸모르핀'은 '코데인'이라는 이름으로도 알려져 있는데, 모르핀보다 순한 약입니다. 지금은 기침약으로 사용되고 있죠.

아주 작은 화학 구조의 차이가 우리 몸에 미치는 영향은 이 정도로 어마어마합니다. 말 그대로 독과 약은 동전의 앞면과 뒷면처럼 떼려야 뗄 수 없는 한 몸과 같은 관계입니다.

폭탄 개발에서 탄생한 약

'죽음의 상인'의 소망

스웨덴의 과학자 알프레드 노벨은 발명가로 역사에 이름을 남긴 인물입니다. 그중에서도 노벨의 가장 대표적인 업적은 폭약 개발이죠.

19세기 중반, 노벨은 니트로글리세린을 안전히 제조하고 사용하는 연구에 힘을 쏟았습니다. 니트로글리세린은 질소를 포함한 화합물의 하나로, 아주 작은 진동에도 폭발할 정도로 불안정해 폭약으로 쓰기 무척 까다로운 물질이었습니다.

연구를 거듭한 노벨은 마침내 1863년, 금속으로 된 용기를 활용한 기폭 장치를 발명하여 니트로글리세린 실용화에 성공했습니다. 1868년에는 규조토에 니트로글리세린을 흡수시켜 반죽 상태로 만들면 더욱 안전하게 폭약을 다룰 수 있다는 사실도 발견했죠. 이 획기적인 신제품에 노벨은 '다이너마이트'라는 이름을 붙였습니다. '힘'을 뜻하는 그리스어 '디나미스'에서 따왔죠.

노벨은 그 후로도 폭약 개량을 거듭 연구해 사업화했고, 건설업계에 혁명을 일으켰습니다. 노벨의 발명 덕분에 터널과 운하, 철도 건설 현장에서 암반을 파괴하는 비용을 획기적으로 줄일 수 있었거든요.

동시에 다이너마이트의 엄청난 파괴력이 무기로 주목받기 시작하면서 노벨은 '죽음의 상인'이라는 비난에 시달리게 되었습니다. 그는 자신이 세상을 떠나면 거액의 재산을 인류에 이바지한 인물에게 나누어 주라고 유언을 남겼습니다. 그 뜻에 따라 1901년에 우리가 아는 '노벨상'이 만들어졌습니다.

니트로글리세린의 생각지도 못한 효과

노벨은 전 세계에 90개가 넘는 공장을 세우고 다이너마이트를 대량 생산했습니다. 그런데, 이 폭약 공장에서 누구도 설명 못할 희한한 일이 벌어졌습니다. 공장 노동자들이 작업을 하던 도중 두통과 현기증 같은 불쾌한 증상을 호소한 겁니다. 그런데 이상하게도 꾸준히 일하면 증상이 자연스레 나아지고, 주말에 쉬고 돌아와 다시 일하면 증상이 반복되었습니다.

그런가 하면 협심증을 앓던 직원은 이상하게도 공장에서 작업을 할 때는 가슴을 답답하게 누르던 통증이 줄어들고, 주말이 되면 재발하는 희한한 경험을 했습니다. 협심증은 심장 근육에 흘러드는 피가 줄어들어 생기는 병이에요. 이러한 일이 반복되자, 공장 안에 떠도는 폭약 성분이 인체에 어떤 영향을 준다는 가설에 도달하였습니다.

이 가설을 바탕으로 연구가 진행되면서 니트로글리세린이 혈관을 확장하는 효과가 있다는 사실이 점차 밝혀졌습니다. 뇌혈관이 확장되면 두통과 현기증이 생기지만, 심장 주위의 혈관이 확장되면 협심증 발작은 막을 수 있게 됩니다. 공장 노동자들의 경험이 신약 개발의 실마리를 제공해 준 것이죠.

그 후 니트로글리세린은 협심증 약으로 개량되었고, 지금은 발작 시 혀 아래에 뿌리는 스프레이 형태, 혀 아래에 녹여 먹는 설하정, 바르는 약 등 다양한 형태로 팔리고 있습니다.

니트로글리세린이 확장하는 것은 심장 주위를 둘러싼 관

동맥입니다. 심장을 구성하는 근육, 심근에 혈류를 공급하는 혈관이죠. 관동맥이 좁아져 심근으로 가는 피가 부족해지면 가슴을 짓누르는 답답한 통증이 생기는데, 이 질환이 협심증입니다. 심근이 괴사한 상태를 특히 심근 경색이라 부르고요. 니트로글리세린은 반복해 사용하면 내성이 생겨 서서히 효과가 떨어진다고 알려져 있습니다. 공장 직원들이 갈수록 두통과 현기증을 덜 느꼈던 이유도 바로 이 내성 때문입니다.

심장약의 성분이 다이너마이트의 원료라는 사실은 참으로 기묘한 느낌을 줍니다. 그러나 의학을 공부하면 공부할수록 이런 일이 오히려 자연스럽게 느껴집니다. 결국 사람의 몸 또한 자연계에 존재하는 갖가지 화합물로 이루어진 유기물에 지나지 않으니까요.

물론 협심증 약이 폭발할 걱정은 하지 않아도 됩니다. 약에 들어 있는 니트로글리세린은 아주 적으니까요.

'니트로'는 왜 약이 될까?

'니트로(Nitro)'는 질소(Nitrogen)를 포함한 화합물에 사용하는 용어인데, 오늘날은 니트로라는 말을 들으면 협심증 약을 떠올릴 정도로 그 효과가 널리 알려져 있습니다.

그렇다면 애초에 니트로글리세린에는 왜 혈관을 확장하는 효과가 있었을까요? 의약품으로 사용된 후에도 정작 그 작용 원리는 오랫동안 비밀에 싸여 있었습니다.

우리 몸의 혈관은 24시간 필요에 따라 확장하거나 수축합니다. 1장에서도 설명한 적이 있죠. 이 혈관의 변화는 혈관 벽을 구성하는 '민무늬근'이라는 근육의 수축과 이완을 통해 이루어집니다.

혈관이 확장되는 과정은 매우 복잡하지만, 대강이나마 원리를 소개해 드릴게요. 우선 혈관 내피(안쪽 벽)에서 일산화 질소(NO)가 만들어지고, 이 일산화 질소가 혈관 민무늬근에 신호를 줍니다. 그러면 '고리형 구아노신 일인산(cyclic GMP, cGMP)'이라는 물질이 늘어나고, 이 물질이 근육을 이완시켜 혈관이 확장됩니다. 우리가 깨닫지 못하는 동안에도 온몸의 혈관에서 매일 이러한 반응이 일어나고 있죠.

일산화 질소는 니트로글리세린이 분해되어 생기는 물질이기도 합니다. 니트로글리세린은 일산화 질소를 매개로 혈관을 확장시키죠. 간단히 말해 일산화 질소가 혈관을 늘리라는 신호를 주는 겁니다. 1990년대에 들어서면서 일산화 질소는 혈관 확장뿐 아니라 전신에서 다양한 기능을 조절하는 신호 전달 물질로 작용한다는 사실이 밝혀졌습니다. 질소 원자와 산소 원자가 결합하는 매우 단순한 기체가 우리 몸에서 없어서는 안 될 필수 물질이었다는 사실은 전 세계 과학자들에게 커다란 충격을 주었습니다.

일산화 질소의 신호 체계를 밝힌 공로로 미국의 의사 페리드 머래드와 화학자 로버트 퍼치곳, 약리학자 루이스 이그내로 세 사람은 1998년에 노벨 생리·의학상을 받았습니다.

심장약이 가진 뜻밖의 부작용

니트로의 효과가 밝혀진 뒤 제약 회사는 서로 앞다투어 신약 개발에 나섰습니다. 1985년, 미국의 제약 회사 화이자도 협심증 신약 개발 전쟁에 뛰어들었죠. 그중에서도 고리형 구아노신 일인산을 분해하는 효소를 억제하는 '포스포다이에스터레이스 5형 억제제(phosphodiesterase 5 inhibitor, PDE5 억제제)'라는 물질이 유력한 후보에 올랐습니다.

이 물질이 효과를 발휘하면 고리형 구아노신 일인산이 분해되지 않고 그대로 남아 그 양이 늘어납니다. 그러면 어떤 일이 생길까요? 일산화 질소에서 시작되는 반응을 떠올려 봅시다. 혈관 확장이 일어나겠죠. 화이자는 이 물질에 'UK-92480'

라는 코드명을 붙이고 임상 시험을 진행했습니다. 하지만 UK-92480는 기대만큼 효과를 내지 못했고, 부작용이 많았습니다. 협심증 약으로 만들겠다는 계획은 실패로 돌아가는 듯했죠.

그런데 묘한 일이 벌어졌습니다. 임상 시험에 참여한 남성 환자들이 시험이 끝난 뒤에도 남은 약을 반납하지 않으려 한 것입니다. 예상치 못한 부작용 때문이었죠. 남성 성기의 혈관을 확장해 혈류를 증가시키고 발기가 지속되게 한 것입니다.

대수롭지 않게 넘어갈 수 있었던 이 반응은 많은 남성에게 부작용으로 느껴지지 않았습니다. 발기 부전을 겪던 중장년층 남성에게는 성생활 만족도를 높여 주는 그야말로 '꿈의 약'이 탄생했기 때문입니다.

화이자는 1996년에 이 신약의 특허를 취득했고, 1998년에 '비아그라'라는 이름으로 발기 부전 치료제를 판매하기 시작했습니다. 비아그라는 전 세계에서 폭발적으로 팔려 나갔고, 엄청난 사회적 파장을 일으켜 화이자의 주가를 끌어 올렸습니다. 협심증 치료제로 개발되던 약이, 뜻밖에도 엄청난 신규 시장을 개척한 것입니다.

위궤양을 다스릴
약을 만들다

어르신들의 수술 자국

외과 의사로서 환자를 진료하다 보면 "젊은 시절에 위궤양이 생겨서 위를 잘라 냈다."고 말하는 어르신들을 종종 만납니다. 대개 명치에서 배꼽 근처까지 세로로 이어지는 큰 흉터가 있어 누가 봐도 위 수술을 받은 걸 알아볼 수 있습니다.

그런데 이런 경험을 가진 분들은 어느 나이대 아래로 내려가면 가파르게 줄어듭니다. 요즘은 위궤양 때문에 위 절제 수술을 받는 젊은 분들을 거의 찾아볼 수 없거든요. 위궤양이 이제는 먹는 약으로 치료할 수 있는 병이기 때문입니다.

우리가 당연한 듯 누리는 이 '상식'이 현실에서 가능해진 건 아주 최근입니다.

궤양은 왜 생길까?

위는 하루에 약 2리터 정도의 소화액, 즉 위액을 분비합니다. 이 위액에는 수소 이온과 염화 이온이 많이 들어 있는데, 이 둘이 합쳐져 강한 산 성분인 염산이 만들어지죠. 그래서 위 안쪽은 pH 농도 1이라는 아주 강한 산성 상태입니다.

위 속 염산은 우리가 먹은 음식물을 녹이고 소화를 돕는 중요한 역할을 하고, 입을 통해 들어온 세균을 죽이는 기능도 합니다. 또한 위에서는 펩신이라는 소화 효소도 만들어지는데, 이 효소는 음식물에 들어 있는 단백질을 잘게 쪼개는 역할을 합니다. 처음부터 펩신으로 나오지 않고, 펩시노겐이라는 형태로 먼저 분비된 뒤 위산에 의해 활성화되죠.

이쯤에서 궁금증이 생깁니다. 이토록 강력한 산이 들어 있는 위는 왜 녹지 않을까요? 그 이유는 위 안쪽 벽이 알칼리성 점액으로 덮여 있기 때문입니다. 위 점막을 덮은 이 점액이 산을 중화하는 덕분에 점막 표면은 pH 농도 6에서 7 정도의 약산성을 유지합니다. 달리 말하면 이 방어막이 조금이라도 허술해지면 점막이 염산에 노출되는 겁니다. 염산이 위벽에 직접 닿으면 염증이 생기고, 표면이 헐며 궤양이 생깁니다. 위에 생기면 위궤양, 십이지장에 생기면 십이지장 궤양입니다. 이 둘을 함께 '소화성 궤양'이라고도 부릅니다.

우리는 음식을 소화하기 위해 강한 산을 필요로 하면서도, 다른 한편으로는 이 산으로부터 스스로를 보호할 방법을 마련해야 합니다. 인체는 생각보다 아슬아슬한 균형을 유지하며 살아가고 있죠.

소화성 궤양이 심해지면 위벽에 구멍이 생기기도 하는데, 이를 '천공'이라고 부릅니다. 위에 구멍이 나면 음식물과 위액이 뱃속(복강 안)으로 스며들어 중증 복막염과 같은 병을 일으키고 생명이 위험해질 수 있습니다. 또한 궤양이 깊어지면 위 안쪽을 지나는 굵은 혈관이 끊어져 심각한 출혈을 일으킬 수도 있죠. 이 경우에도 사망에 이를 수 있기에 소화성 궤양은 적절히 치료하지 않으면 생명을 잃기도 하는 아찔한 병입니다.

인류와 산의 싸움

1950년대까지는 소화성 궤양에 쓸 수 있는 좋은 약이 거의 없었습니다. 위산을 효과적으로 줄이는 약이 없었거든요. 당시에 썼던 수산화 알루미늄이나 탄산수소 나트륨 같은 알칼리성 제산제는 이미 분비된 산을 중화시켜 줄 뿐, 궤양을 치료하기에는 역부족이었습니다.

산 분비 자체를 억제하는 약을 만들기 위해 수많은 과학자가 도전했지만, 이 까다로운 문제는 오랜 시간 풀리지 않았습니다.

1960년대에 이르러 영국의 제약 회사에서 일하던 약리학자 제임스 블랙이 히스타민이라는 물질이 위산 분비를 촉진한다는 사실에 주목합니다. 히스타민은 우리 몸 곳곳에서 만들어져 다양한 작용을 하는 물질입니다. 그 작용 가운데 하나가 위에 산을 분비하라는 신호를 보내는 것이죠.

일반적으로 히스타민은 두드러기 같은 알레르기 증상을 일으키는 물질로 알려져 있습니다. 그래서 히스타민을 억제하는 '항히스타민제'는 알레르기 치료제로 유명하죠.

히스타민은 혼자 작용하지 않고, '히스타민 수용체'를 만나서 작용합니다. 히스타민은 열쇠, 수용체는 열쇠 구멍이라고 생각하면 이해하기 쉬워요. 다양한 열쇠가 각각 특정한 열쇠 구멍에 딱 맞아 들어가야 문을 열 수 있습니다.

당시에도 알레르기 약인 항히스타민제는 있었지만, 어째

제임스 블랙

서인지 위산 분비를 억제하지는 못했습니다. 연구해 보니 위산 분비와 관련된 히스타민 수용체와 알레르기 반응에 관련된 히스타민 수용체는 서로 다른 종류라는 게 밝혀졌죠.

다시 말해, 히스타민이라는 하나의 열쇠가 서로 다른 두 종류의 열쇠 구멍에 모두 맞아 들어갔던 것입니다. 알레르기 반응과 관련된 히스타민 수용체는 'H1 수용체', 위산 분비와 관련된 수용체는 'H2 수용체'라고 합니다. 블랙은 이 H2 수용체를 차단할 수 있는 물질이 위산 분비를 억제할 수 있다고 믿고, 목표를 향해 연구를 이어 갔습니다.

제약 패러다임 전환

1975년, 연구를 거듭한 끝에 블랙은 어마어마한 수의 화합물 중에서 안전하면서 효과가 있는 물질을 찾아냈습니다. 그가 일하던 제약 회사, 스미스클라인(현 글락소스미스클라인)은

H2 수용체 길항제(H2 receptor antagonist, H2RAs)인 '시메티딘 (cimetidine)'을 시장에 선보였습니다. 시메티딘는 확실한 효과를 보였습니다. 이 약 덕분에 소화성 궤양 수술을 받는 환자가 빠르게 줄어들었고, 의학계에 혁명을 일으켰죠. 드디어 인류가 위산을 조절하는 약을 손에 넣은 순간이었습니다.

블랙의 업적은 단순히 신약을 개발한 정도에 머물지 않았습니다. 수용체를 목표로 설정하고, 그 작용을 방해하는 물질을 분자 수준으로 화학 합성한다는 발상 자체가 획기적이었거든요. 블랙의 연구는 콜럼버스의 달걀처럼 제약 분야의 판도를 바꾸는 '패러다임 전환'을 일으켰습니다.

이러한 업적을 인정받아 1988년, 블랙은 노벨 생리·의학상을 받습니다. H2 수용체 길항제는 지금도 외과 의사의 일을 줄여 준 약으로 떠받들어집니다.

시메티딘이 출시된 후, 더 나은 H2 수용체 길항제를 찾아 수많은 제약 회사가 개발 경쟁에 뛰어들었습니다. 1979년, 일본의 야마노우치제약(현 아스텔라스제약) 연구팀이 기존에 나온 약물과 비교도 되지 않을 정도로 효과적인 H2 수용체 길항제 'YAS424' 개발에 성공했습니다. 이 화합물은 시메티딘의 30배가 넘는 활성 수준을 보였고, 나중에 파모티딘(famotidine)이라는 이름이 붙었습니다.

임상 시험을 거친 뒤 이 약은 일본에서 1985년에 '가스터'라는 상품으로 세상에 나왔습니다. 위를 뜻하는 접두어 'Gastro-'에서 따온 명쾌한 이름입니다. 가스터는 세계 13개국으로 수출되었고, 그 효과와 안전성으로 단숨에 세계 1위 제산제로 자리매김했습니다.

1990년대부터는 소화성 궤양 치료제로 더욱 강력한 '양성자 펌프 억제제(proton-pump inhibitors, PPI)'라는 유형의 약물이 속속 출시되었습니다. 양성자 펌프란 수소 이온(H^+)을 말합니다. 즉 이 약물은 수소 이온 분비를 억제합니다. 어떤 물질이 산인지 아닌지를 판단하는 기준은, 수소 이온이 있느냐 없느냐에 달려 있거든요. 수소 이온의 존재 자체가 산의 정의이죠. 양성자 펌프 억제제가 등장하면서 인류는 산을 상대로 한 싸움에서 더 유리한 고지를 점령하게 되었습니다.

히스타민과
'가짜 알레르기'

혓바닥이 찌릿찌릿한 느낌

2013년 10월, 일본에서 한 가공식품 회사가 600만 개가 넘는 참치 통조림을 자진 회수한 일이 있었습니다. 참치 통조림에서 기준치가 넘는 히스타민이 검출되었기 때문이죠. 일부 소비자가 '혓바닥이 찌릿찌릿하다'는 이상 증상을 신고하면서 조사한 끝에 밝혀진 일이었습니다.

그렇다면 왜 통조림 안에 그토록 많은 히스타민이 들어 있던 걸까요? 참치에는 필수 아미노산 가운데 하나인 '히스티딘(histidine)'이 많이 들어 있습니다. 이 히스티딘이 세균의 효소

작용으로 인해 히스타민으로 바뀐 것이었죠.

히스티딘과 히스타민은 구조가 매우 비슷합니다. 히스티딘은 가다랑어, 참치, 방어, 꽁치, 정어리 같은 등 푸른 생선에 풍부하게 들어 있는 영양소예요. 히스타민은 우리 몸에서 정보 전달을 담당하는 물질로, 특히 알레르기 반응을 일으키는 원인으로 잘 알려져 있습니다.

우리 몸도 자연계에 속한 유기물이니 히스타민처럼 흔한 물질이 몸 안에서 중요한 역할을 한다는 사실이 어찌 보면 놀라운 일은 아닙니다.

고농도 히스타민을 섭취하면 두통이나 발열 같은 알레르기와 비슷한 증상이 일어납니다. 보통 알레르기 반응은 몸속에서 히스타민이 만들어질 때 생기지만, 이처럼 몸 바깥에서 히스타민이 들어온 경우도 비슷한 증상이 일어날 수 있습니다. 히스타민으로 인한 식중독입니다.

일본에서는 이런 히스타민 식중독 환자가 매년 100~400명 정도 발생합니다. 어린이집이나 학교에서 급식을 먹고 탈이 나는 경우도 있어서 일본 후생노동성(우리나라의 보건복지부, 고용노동부, 여성가족부를 합친 정부 기관-옮긴이)과 소비자청(소비자 보호 업무 관련 행정 기관-옮긴이)에서 특별히 주의하라고 권하고 있습니다.

히스티딘이 히스타민으로 바뀌어 식품에 축척되면, 가열하더라도 식중독을 막을 수 없습니다. 히스타민은 열에 강한 성질이 있기 때문이죠. 그러므로 히스타민을 생산하는 세균과 독소가 작용하지 않게 하려면 생선을 구매한 후 신속하게 냉장고에 넣어야 합니다. 또 히스타민을 생산하는 균은 아가미와 소화관에 많이 서식하므로, 이 부분을 빠르게 제거하는 손질법을 기억해 두면 좋아요.

히스타민이 많이 든 음식을 먹으면 입술이나 혀에 찌릿찌릿한 자극이 생길 수 있습니다. 음식을 먹다가 이런 느낌이 들면, 안전을 위해 아깝더라도 버려야 합니다.

히스티딘과 히스타민

히스티딘

COOH

NH$_2$

HN N

히스타민

NH$_2$

HN N

알레르기 증상의 원인

히스타민 식중독은 증상이 알레르기와 매우 비슷하지만, 알레르기는 아닙니다. 그래서 히스타민 식중독에 걸린 사람도 히스타민이 많아진 식품이 아니면 같은 음식을 문제없이 먹을 수 있어요. 가다랑어를 먹고 히스타민 식중독이 생겼다고 해서 '나한테 가다랑어 알레르기가 있다'고 여기면 오해라는 겁니다.

알레르기는 몸을 지키기 위한 면역 시스템이 너무 민감하게 반응해 생기는 현상입니다. 면역은 세균이나 바이러스 같은 해로운 물질이 몸속에 들어왔을 때 이를 물리치는 방어 작용이죠. 그런데 꽃가루나 벼룩, 달걀, 메밀 같은 해롭지 않은 물질에도 면역이 지나치게 반응할 때가 있습니다. 이를 알레르기 반응이라 부릅니다.

알레르기 반응은 조금 복잡한 과정을 거쳐 발생합니다. 먼저 특정 물질이 몸에 들어오면, 그 물질에 딱 맞는 항체가 만들어집니다. 항체는 면역계가 외부의 적을 공격하기 위해 만들어 내는 일종의 '무기'예요. 모기가 나타나면 모기향을 피우고, 바퀴벌레가 있으면 전용 살충제를 뿌리듯 우리 몸은 적의 성질과 형상에 특화한 무기를 준비합니다.

알레르기에 관여하는 항체는 '면역 글로불린 E(immunoglo bulin E, IgE)'라고 부릅니다. 이 항체가 '비만 세포'라는 면역 세포에 붙으면, 비만 세포 안에 있던 히스타민 같은 물질이 방출됩니다. 그리고 이 히스타민이 몸속의 'H1 수용체'와 결합하면 알레르기 증상이 나타납니다.

알레르기 반응이 온몸에 강렬하게 나타나면 혈압이 떨어지고 의식을 잃는 등 심각한 상태에 이를 수 있습니다. 이렇게 생명을 위협하는 알레르기 반응을 '아나필락시스'라고 합니다. 특히 공기가 지나는 기관에 이런 반응이 생기면, 점막이 붓고 기도를 막아 버려서 순식간에 호흡이 곤란해집니다. 그러면 질식해 사망할 수도 있죠.

히스타민으로 인한 식중독이 알레르기처럼 심각한 상태까지 가는 경우는 드뭅니다. 그래도 치료 방법은 비슷해서 항히스타민제를 쓰면 효과를 볼 수 있어요. 히스타민으로 인해 나타나는 이 식중독은 우리 몸의 구조와 작용을 앎으로써 병의 원인을 이해하기 좋은 사례입니다.

알레르기 증상이 나타나는 과정

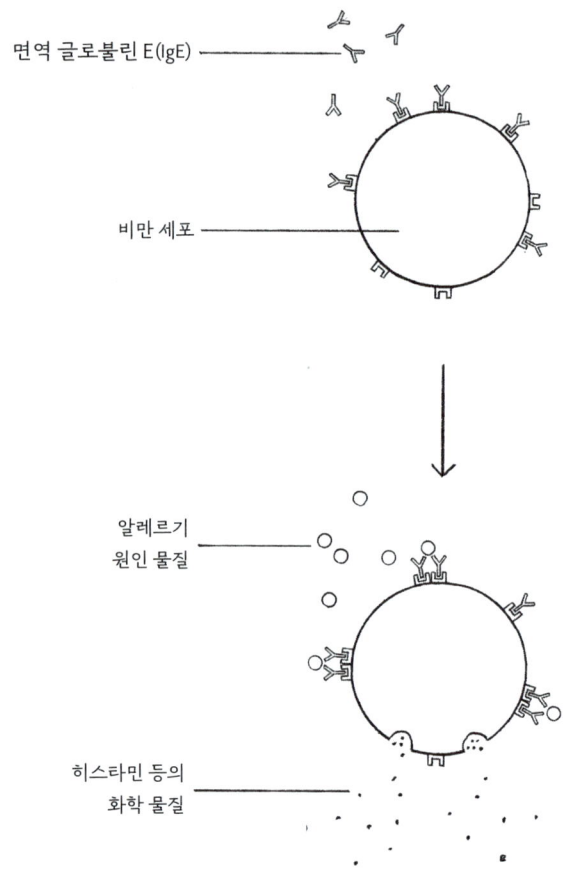

면역 글로불린 E(IgE)

비만 세포

알레르기
원인 물질

히스타민 등의
화학 물질

항히스타민제을 손에 넣기까지

항히스타민제를 처음 합성한 사람은 이탈리아의 약리학자 다니엘 보베입니다. 그가 1937년에 히스타민 H1 수용체를 막는 약을 만든 이후, 다양한 항히스타민제가 개발되어 1940년대부터 실제로 환자에게 쓰이기 시작했습니다. 보베는 항히스타민제 합성 외에도 여러 업적을 남겨 1975년에 노벨 생리·의학상을 수상했습니다.

항히스타민제는 '열쇠 구멍'인 히스타민 수용체를 막아서 본래의 '열쇠'인 히스타민이 결합하지 못하게 만듭니다. 그러면 히스타민 작용이 억제되고 알레르기 증상이 줄어드는 원리입니다.

하지만 초창기 항히스타민제는 부작용이 많았습니다. 히스타민 수용체가 우리 몸 곳곳에 존재하는 데다가 중요하게 작용하기 때문입니다. 히스타민의 작용을 막으면서 알레르기 반응만 억제한 게 아니라, 필요한 작용까지 함께 막아 버려서 문제였죠.

특히 뇌에서 일어나는 부작용이 골치였습니다. 히스타민은 대뇌 겉질을 활발하게 하고 뇌가 깨어 있도록 합니다. 그래서 항히스타민제 성분이 혈류를 타고 뇌로 들어가면, 히스타

민 작용을 방해해 졸음이 쉽게 옵니다. 초기 항히스타민제를 먹으면 졸린 이유가 바로 이런 작용 때문입니다.

또한 초기 약들은 히스타민 수용체 외에 다른 수용체까지 차단하는 부작용이 있었습니다. 엉뚱한 열쇠 구멍까지 막아 히스타민 이외의 열쇠도 열쇠 구멍에 들어갈 수 없게 되었죠. 그래서 갈증이 나듯이 입이 마르거나 소변이 잘 안 나오는 증상과 함께 변비, 식욕 증가 같은 부작용을 보였습니다. 이런 구세대 약들을 '1세대 항히스타민제'라고 부릅니다. 대표적인 약으로는 '페니라민(클로르페니라민)'이 있습니다.

이러한 문제를 해결하기 위해, 의학자들은 끊임없이 약의 구조를 개선해 왔습니다. 1970년대 이후로 나온 항히스타민제는 그 성분이 뇌로 잘 이동하지 않아서 졸음이 적고, 다른 수용체에 잘 붙지 않아서 부작용이 줄었습니다. 이 시기 약을 '2세대 항히스타민제'라고 합니다. 알레그라(펙소페나딘), 클라

리틴(로라타딘), 씨잘(레보세티리진), 알퍼올로파타딘(올로파타딘) 등이 해당되지요.

이처럼 히스타민이라는 작고 흔한 화합물 하나를 다루기 위해서도 인류는 수십 년에 걸쳐 수많은 과학자의 지혜를 그러모아야 했습니다.

위장염으로
목숨을 잃던 시대

'평균 수명'의 경이로운 변화

지금으로부터 약 100년 전인 1920년, 일본 사람들의 평균 수명은 남성이 42.1세, 여성이 43.2세였습니다. 반면, 2021년 에는 남성 81.5세, 여성 87.6세로 거의 두 배에 가까운 수치를 보였습니다. 단지 100년 사이에 이런 변화가 생겼다는 건 믿기 어려울 정도로 놀라운 일입니다.

그렇다면 100년 전 사람들은 어떤 병으로 생명을 잃었을까요? 과거의 사망 원인을 살펴보면, 폐렴이나 결핵과 함께 특히 '위장염'으로 사망한 사람이 많았다는 점이 눈에 띕니다.

사망 원인에 따른 사망률 변화

(인구 10만 명당 사망자 수)

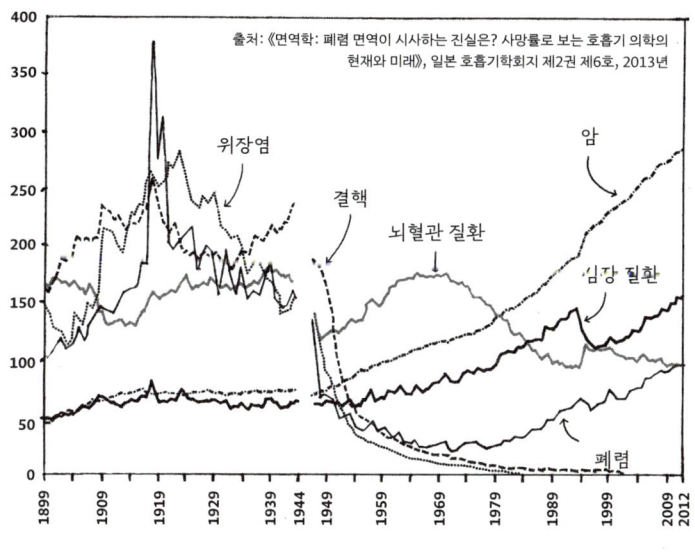

출처:《면역학: 폐렴 면역이 시사하는 진실은? 사망률로 보는 호흡기 의학의 현재와 미래》, 일본 호흡기학회지 제2권 제6호, 2013년

위장염은 보통 세균이나 바이러스가 몸에 침입하거나 소화 기관이 감염되어 생기는 병입니다. 요즘에는 위장염으로 생명을 잃는 경우는 매우 드뭅니다. 위생 환경이 개선되고 의료 기술이 발전한 덕분입니다.

만약 여러분이 음식을 잘못 먹고 탈이 나서 구토와 설사로 고생하다가 위장염 진단을 받는다고 해도 죽을지 모른다는 걱정은 하지 않을 겁니다. 그런데 불과 1세기 전만 해도 오늘날 암으로 사망하는 정도의 비율로 위장염에 걸린 사람들이 목숨을 잃었습니다. 이 사실을 생각하면 그 당시 사람들에게 위장염이 얼마나 무서운 병이었는지 짐작할 수 있습니다.

몇 시간 만에 사망에 이르는 병

과거 수많은 사람의 목숨을 앗아 간 위장염 가운데 '콜레라'라는 병이 있습니다. 콜레라는 콜레라균이라는 세균이 원인이 되어 발생하는 전염병입니다. 이 세균이 만들어 내는 독소인 '콜레라 독소(cholera toxin)'가 몸에 들어오면 매우 심한 설사를 일으킵니다. 치료하지 않으면 몇 시간 만에 생명을 잃을 수도 있는 매우 무서운 병이죠.

콜레라로 사망하는 가장 큰 이유는 하루 10리터, 많게는 수십 리터에 달하는 극심한 설사입니다. 이 설사는 미음처럼 묽다고 표현할 정도로 물처럼 줄줄 쏟아지는 것이 특징입니다. 짧은 시간 안에 엄청난 양의 수분과 전해질이 몸속에서 빠져나가면서 생명 유지 기능이 망가져 버리죠. 거기에 더해 구토까지 겹치면 물을 마시는 방법으로는 빠져나간 수분과 전해질을 보충할 수 없습니다.

그래서 세균과 독소가 장으로 배출되고 장이 회복될 때까지는 따로 수분과 전해질을 보충해야 생명을 유지할 수 있습니다. 이러한 콜레라 환자의 목숨을 구하기 위해 지금의 '링거'라는 수액 치료가 탄생했습니다.

1832년, 영국의 의사 토머스 라타는 콜레라 환자의 정맥에 소금물과 탄산수소 나트륨 용액을 넣는 치료를 처음 시도했습니다. 이것이 수액의 시초로 알려져 있죠. 그 후로 의사들은 정맥 주사, 피부밑 주사, 항문을 통한 주입 등 다양한 방법으로 '몸에 물을 넣는 방법'을 모색했습니다.

그중에서 오랫동안 선호된 방법은 대량 피하 주입입니다. 팔과 넓적다리, 엉덩이 같은 곳에 바늘을 찔러 피부 아래로 액체를 천천히 주입하는 방법이죠. 이 방법을 쓰면 수분이 서서히 몸 조직에 침투하고, 그 수분이 혈관으로 흡수되었습니다. 몸에 수분을 보충하는 효과는 있었지만, 피부밑 공간에 한계가 있는 만큼 한꺼번에 많은 액체를 주입하긴 곤란하다는 단점이 있었습니다.

오늘날 의료 현장에서 흔히 쓰는 링거 주사는 정맥에 직접 액체를 넣는 방법입니다. 예전에는 이런 정맥 주사가 매우 어려운 기술을 필요로 했습니다. 지금처럼 정맥을 안전하게 찌를 수 있는 도구가 없었기에 피부를 갈라 정맥을 꺼낸 다음, 드러난 정맥에 액체를 주입하는 방식을 썼거든요.

이 방법은 주사를 놓기 까다로웠을 뿐 아니라 감염 위험도 컸습니다. 영국의 외과 의사 조지프 리스터가 처음으로 '소독'의 개념을 제안하고, 독일의 의사 로베르트 코흐가 세균이 전염병의 원인이라는 걸 최초로 증명한 때가 19세기 후반이니까요. 그 전 시대에 혈관에 액체를 넣는 외과적 처치를 안전하게 해내기 위해서는 숙련된 의사의 기술에 운까지 더해져야 했습니다.

바늘, 관, 액체 용기 같은 수액 도구들이 개발되고, 멸균 처리가 가능해지면서 20세기 이후로는 정맥 주사가 점차 널리 쓰이게 되었습니다.

무엇을 주사해야 할까?

탈수가 심하다고 정맥에 맹물을 넣을 수는 없습니다. 1장에서 설명했듯이 물처럼 삼투압이 낮은 액체를 혈관에 넣어버리면 적혈구 같은 혈액 속 세포들이 파괴됩니다. '용혈'이라는 반응이죠. 그래서 몸에 수액을 넣을 때는 혈액과 같은 정도의 삼투압을 가진 액체를 써야 합니다.

이 때문에 옛날부터 수액 제제로 소금물, 즉 식염수를 많이 활용했습니다. 혈액 속 삼투압과 얼추 비슷한 0.9퍼센트 식염수는 생리 식염수라 부르는데, 지금도 병원에서 가장 많이 쓰이는 수액의 대명사입니다.

1883년, 영국의 의사 시드니 링거는 식염수에 칼륨(포타슘)과 칼슘을 넣어 사람의 체액과 비슷한 성분의 수액을 개발했습니다. 흔히 '링거'라고 부르는 이 제제를 모르는 의료 종사자는 없습니다. 여기에 젖산을 더하거나, 아세트산을 넣은 수액은 지금도 병원에서 자주 쓰입니다.

요즘은 생리 식염수나 링거 외에도 다양한 성분의 수액 제품이 있어, 의사들은 환자의 증상에 맞추어 가장 적절한 용액을 택해 사용합니다.

소의 괴질에서
탄생한 약

괴질의 원인을 찾아라

1920년대 캐나다와 미국 북부 목장에서 소들이 잇달아 출혈을 일으키며 폐사하는 사건이 발생했습니다. 원인은 소먹이로 쓰인 '스위트 클로버'였어요.

스위트 클로버는 이름 그대로 달콤한 향기를 풍기는 목초입니다. 조사해 보니 상한 스위트 클로버를 먹으면 소의 혈액응고에 문제가 생기는 듯했습니다. 이 기이한 병에 스위트 클로버병이라는 이름이 붙었죠.

스위트 클로버에는 바닐라와 비슷한 방향 성분인 '쿠마

린(coumarin)'이라는 물질이 들어 있습니다. 1941년, 미국 위스콘신대학교에서 일하던 화학자 칼 링크는 스위트 클로버가 썩으면 쿠마린이 혈액 응고를 방해하는 물질인 '디쿠마롤(dicoumarol)'로 변한다는 사실을 밝혀냈습니다.

디쿠마롤은 동물의 피가 굳는 것을 방해합니다. 그래서 한 번 피가 흐르기 시작하면 멎지 않게 되죠. 바로 이 물질이 수많은 소를 과다 출혈로 폐사시킨 범인이었습니다. 소를 키우는 낙농가에는 마른하늘에 날벼락 같은 일이었죠.

그런데 놀랍게도 이 물질은 편리한 약이 될 가능성도 있었습니다. 쥐를 없애는 데에 쓸 수 있었거든요.

링크와 연구진은 디쿠마롤을 개량한 약에 '와파린(warfarin)'이라는 이름을 붙이고 특허를 받았습니다. 와파린은 '위스콘신대학교 동창회 연구 기금(Wisconsin Alumni Research Foundation)'의 머리글자를 딴 'WARF'와 쿠마린의 'arin'을 합해 만든 단어예요.

와파린은 쥐약으로 인기를 끌었습니다. 쥐가 와파린을 며칠 동안 꾸준히 먹으면, 뇌와 뱃속에 출혈이 생겨 죽고 말았거든요. 기존에 쓰던 쥐약처럼 먹자마자 바로 죽는 독극물 먹이는 쥐가 알아차리기 쉽다는 약점이 있었습니다. 반면, 와파린은 특정한 냄새나 맛이 없지만 매일 먹으면 서서히 혈액 응고에 문제가 생겨서 죽는, 시간 지연성 쥐약이었습니다. 이러한 특징이 효과적인 쥐약이라는 명성을 얻게 했죠.

인간에게도 중요한 약으로

와파린은 지금도 전 세계인이 활발히 쓰고 있는 대표 쥐약으로, 손쉽게 구할 수 있습니다. 그런데 와파린은 쥐약으로만 쓰기에는 아까울 정도로 귀중한 약이에요. 와파린의 강력한 항응고 작용을 사람에게도 응용할 수 있지 않을까요?

피가 굳어서 혈전을 만들고, 이 혈전이 혈관을 막아 생명이 위태로워지는 병은 많습니다. 뇌경색도 그중 하나죠. 심장에서 만들어진 혈전이 혈액을 타고 이동해 뇌혈관을 막아 생기는 뇌경색을 '심인성 뇌경색(색전증)'이라 부릅니다. 특히 부정맥의 일종인 '심방 세동'이 대표적인 원인으로, 심장의 방인 심방이 미세하게 떨리면서 그 내부에 피가 고여 혈전이 잘 생깁니다.

이러한 환자에게 와파린은 효과적인 약물입니다. 항응고 작용으로 혈전이 생기는 걸 막을 수 있거든요. 게다가 쥐에게 와파린을 미끼에 섞어 먹인 것으로 알 수 있듯, 사람에게도

'먹는 약'으로 쓸 수 있습니다. 링거로 투여할 필요도 없으니 훨씬 부담이 적죠.

그 밖에도 하지 정맥류와 폐경색(다리와 폐의 혈관에 혈전이 생겨 혈관이 막히는 증상) 등 혈전이 문제가 되는 병은 참으로 다양합니다. 이 병들에 쓸 수 있는 먹는 항응고제는 더할 나위 없이 유용합니다.

1950년대 이후로 사람에게도 안전하고 유효하다는 것이 여러 시험으로 검증되어, 와파린은 항응고제의 대명사로 전 세계에 이름을 떨쳤습니다.

어떻게 피가 굳는 걸 막을까?

그런데 왜 와파린을 먹으면 피가 잘 굳지 않는 걸까요? 그 이유는 1970년대 후반에 밝혀졌습니다. 와파린은 피가 굳는 데 중요한 일부 응고 인자의 작용을 방해하기 때문입니다.

'응고 인자'란 우리 피에 들어 있는 단백질입니다. 발견된 순서대로 I부터 XIII까지 알려져 있죠. 이 인자들은 서로 복잡하게 작용하며 피를 굳힙니다. 와파린이 방해하는 것은 그중에서도 II, VII, IX, X 인자예요. 이 인자들은 모두 비타민 K 없이는 합성할 수 없다는 공통점을 갖고 있습니다. 그래서 '비타민 K 의존성 응고 인자'라고 해요. 의대생이라면 비타민 K에 의존하는 이 응고 인자를 달달 외워 두어야만 합니다.

우리 몸은 음식을 먹어 비타민 K를 보충하거나, 장에 사는 세균이 만든 비타민 K를 이용합니다. 한 번 쓰면 그대로 버리지 않고, 다양한 효소 작용으로 재활용하며 알뜰하게 이용하죠. 그런데 와파린은 이 비타민 K를 재활용하는 효소가 일하는 걸 방해합니다. 그러면 결국 혈액 응고 인자가 부족해지고, 피가 쉽게 멎지 않게 되죠.

그래서 와파린을 먹는 환자들은 병원에서 "비타민 K가 많은 음식은 피하세요."라는 복약 지도를 받습니다. 예를 들어 청국장, 푸른 잎채소, 클로렐라 같은 음식에는 비타민 K가 많이 들어 있어서 주의가 필요합니다. 이런 음식을 너무 많이 먹으면 다시 응고 인자가 만들어지기 시작하고, 결국 와파린의 효과가 약해지기 때문입니다.

반대로 와파린의 효과가 너무 강해서 피가 전혀 멎지 않는다면, 비타민 K를 일부러 투여해 와파린의 작용을 조절할 수도 있습니다. 이렇게 조절이 가능하다는 점이 와파린을 사람에게 안전하게 사용할 수 있었던 중요한 이유입니다.

요즘에는 와파린보다 더 편리하고 효과적인 항응고제들도

속속 출시되어 널리 쓰이고 있습니다. 특히 아픽사반(apixaban)과 리바록사반(rivaroxaban) 같은 Xa 인자 억제제는 전 세계에서 큰 인기를 끌고 있습니다. 이름에 공통적으로 들어가는 '사'가 응고 인자 Xa에서 따온 것이죠.

'피가 잘 굳지 않게 하는 약'은 거대한 제약 회사를 먹여 살릴 정도로 찾는 사람이 많고, 질병 치료에 큰 도움이 됩니다. 이런 중요한 약이 원래는 알고 보면 풀밭에서 나왔고, 지금도 쥐약으로 쓰이고 있다는 사실이 참 흥미롭습니다.

슈퍼 쥐의 등장

다시 쥐 이야기로 돌아가 볼까요? 와파린이 오랫동안 쥐약으로 사용되면서 점점 와파린이 통하지 않는 와파린 저항성 쥐, 일명 '슈퍼 쥐'가 생겨나고 있습니다. 이 쥐는 유전자가 변형되어 와파린이 작용하지 않도록 몸속 효소 구조가 바뀌었거나, 와파린을 빨리 없애는 능력이 비정상적으로 발달했어요.

꾸준히 와파린을 사용한 환경에서는 와파린에 약한 쥐는 점점 사라지고 와파린에 강한 쥐만 살아남아 번식하게 됩니다. 이렇게 자연 선택을 통해 슈퍼 쥐가 점점 늘어나고 있는 것이죠.

그래서 최근에는 슈퍼 쥐를 잡기 위해 새로운 종류의 쥐약도 개발되고 있습니다. 하지만 안타깝게도 벌써부터 이 신약에도 내성을 보이는 쥐들이 나타나고 있어, 앞으로도 쥐와 인간의 '술래잡기 전쟁'은 계속될 것으로 보입니다.

쥐를 매개로 퍼지는 질병은 차고 넘칩니다. 만약 쥐를 효율적으로 없애는 기술을 얻지 못하면 전염병이 마구 퍼져서 인류가 멸망의 위기에 처할 수도 있어요.

쥐는 인간보다 수명이 짧지만, 세균처럼 분 단위로 다음세대를 낳는 수준은 아닙니다. 그럼에도 불구하고 우리가 관찰할 수 있는 속도로 진화하고, 환경에 적응해 나가는 모습을 보면 감탄이 절로 나옵니다.

제3장

놀라운
외과 의사들

고작 물 한 방울 속에 셀 수 없이 많은 생물이 존재한다.
이토록 아름다운 광경을 나는 본 적이 없다.

안토니 레이우엔훅 (미생물학자)

외과 치료의 시작

암과 게 이야기

암을 연구하는 학술 단체, '일본암학회'의 로고에는 별자리가 담겨 있습니다. 바로 게자리인데, 잘 보면 게의 집게발을 상징하는 도형도 들어가 있어요. 도쿄에서 활동하는 다른 '암연구회'도 로고로 게를 쓰는가 하면, 연계 병원의 마스코트는 하트 모양의 집게발을 지닌 귀여운 게입니다. 도대체 암과 게가 무슨 관련이 있기에 그런 걸까요?

이 궁금증을 풀려면 기원전 400년 즈음까지 거슬러 올라가야 합니다. 서양 의학의 기초를 세워 '의학의 아버지'로 알

려진 그리스의 의사, 히포크라테스가 그 주인공입니다. 그는 암을 그리스어로 '카르키노스'라고 불렀는데, 게라는 뜻입니다. 유방암이 피부에 퍼지는 모습이 마치 다리를 벌린 게처럼 보인다고 생각했거든요. 이 용어는 이후 라틴어 'cancer'로 이어졌고, 지금의 '암(cancer)'을 뜻하는 단어가 되었습니다.

암은 200종류가 넘는 질병을 아울러 이르는 병명으로, 우리 몸 어느 장기에서나 발생할 수 있습니다. 그런데 과거에는 암이라고 하면 거의 유방암을 가리켰고, 18세기 무렵까지도 가장 많은 암은 유방암이었습니다.

물론 오늘날에도 전 세계 여성이 걸리는 암 1위는 유방암이 차지하고 있습니다. 그러나 대장암과 위암, 폐암, 전립선암 같은 암도 많은 환자를 거느리고 있어요. 그런데 왜 히포크라테스 시절부터 오랜 세월 동안 의학사에 유방암만 기록된 것일까요?

유방암이 몸 표면에 생기는 암이라는 점이 큰 이유로 작용했습니다. 19세기 이전에는 전신 마취 기술이 없었기 때문에 몸속에 생긴 질병을 치료하는 건 불가능에 가까운 일이었습니다. 가장 발견하기 쉬운 암이 바로 유방암이었던 거죠.

하나오카 세이슈

참고로 전신 마취는 일본에서 처음으로 이루어졌습니다. 1804년, 하나오카 세이슈라는 의사가 세계 최초로 통선산이라는 마취제를 개발했고, 100명이 넘는 환자에게 전신 마취를 시켜 수술을 진행했죠. 모두 유방암 환자였습니다.

이처럼 시간이 훌쩍 지나고서야 존재가 밝혀진 병은 더욱 많습니다. 예를 들어 뱃속에 생기는 대표적인 병으로 충수염(일명 맹장염)이 있습니다. 맹장에서도 충수라는 부위에 염증이 생기는 병이에요. 이 병에 걸리면 보통 충수를 잘라 내는 치료를 합니다. 지금은 꽤 친숙한 병이지만, 충수염도 오랫동안 베일에 싸인 질병이었습니다. 18세기가 되고 나서야 처음으로 정체가 밝혀졌죠.

몸 겉에 생기는 유방암, 몸속에 생기는 충수염. 모두 오늘날에는 잘 알려진 병이지만 그 존재가 알려진 시기는 2000년 넘게 차이가 납니다.

의학의 역사를 돌아보면 의사가 환자 몸속을 살피게 된 건 아주 최근의 일입니다. 그 전까지 외과의 영역은 아주 오랜 세월 몸 '바깥'에 머물렀죠. 인류 역사에서 외과 치료를 받을 기회가 많았던 것 또한 몸 바깥입니다. 모든 동물은 부상에서 자유로울 수 없으니까요.

머리뼈에 구멍을?

선사 시대에 외과 치료라고 하면 열에 아홉은 상처 치료였습니다. 누구나 사는 동안 다치는 일을 피할 수 없으니까요. 거듭 강조했듯, 우리는 자연계의 물질을 그러모은 유기물에 불과하기에 놀라울 정도로 쉽게 망가집니다. 넘어지고, 높은 곳에서 떨어지고, 다른 동물에게 공격을 당하기도 하죠. 인간에게는 외과 치료가 끊임없이 필요합니다. 그리하여 선사 시대부터 부러진 팔에 나무로 부목을 대거나, 상처 난 피부에 진흙을 바르는 식의 외상 치료가 행해졌습니다.

기원전 1700년대의 함무라비 법전에도 수술 치료비는 물론, 수술에 실패했을 경우 내리는 벌까지 정해져 있습니다. 고름이 생긴 상처를 째는 등의 외과 치료가 있었다는 사실도 확인되죠. 기원전 1600년대에 만들어진 고대 이집트 파피루스에는 골절과 탈구, 종양에 대한 설명과 함께 각각에 대한 처치법이 실려 있습니다. 외과학에서 가장 오래된 교과서로 여기는 기록입니다.

세계 곳곳에서 특이한 머리뼈가 발굴되기도 합니다. 의도적으로 구멍을 뚫고 뼈를 도려낸 흔적이 있는 머리뼈입니다.

천공술

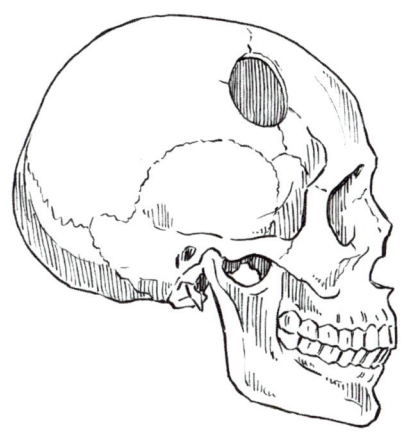

왜 구멍을 뚫었는지 정확한 목적은 알 수 없지만, 병의 원인이 악령이나 저주 때문이라 믿었던 시대에는 머리뼈에 구멍을 뚫으면 사악한 기운이 빠져나간다고 믿었을 거라는 추측도 있습니다. 머리에 출혈이 생겨 높아진 압력을 낮추기 위한 합리적인 치료였다는 주장도 있죠. 어느 쪽 주장이 옳든 머리뼈에 구멍을 뚫는 '천공술'은 오랜 옛날부터 이루어진 외과 치료의 대표적 사례입니다.

고고학 유적에서도 이러한 해골이 발굴되니, 외과 치료의 역사는 생각보다 깁니다. 다만 우리가 지금 '외과'라는 단어를 들으면 상상하는 모습, 즉 의료용 메스로 몸을 가르고 병이 난 자리를 도려내는 수술은 훨씬 이후에나 가능했어요. 이러한 수술 풍경은 19세기부터 20세기에 보급된 혁명적인 기술, '소독'과 '마취'가 이룬 쾌거입니다. 이 기술이 없었던 시절, 외과 치료는 황당할 정도로 미숙한 수준에 머물렀습니다. 병에 대한 이해가 너무나 부족해서 그에 맞는 치료 기술 또한 부족했던 것이죠.

그렇다면 과거에 인류는 병을 어떻게 이해했을까요?

모차르트와 조지 워싱턴의 공통점

《랜싯》은 1823년에 창간되어 200년 가까운 역사를 자랑하는 유서 깊은 학술지입니다. 세계 5대 의학지에 속하는, 의학계에서 가장 권위 있는 저널 중 하나이죠. 이 의학지는 토머스 워클리라는 영국 외과 의사가 최초로 발행했습니다.

원래 '랜싯(lancet)'은 수술용 작은 메스를 뜻하는 단어입니다. 예전에 의사들은 항상 작은 메스를 지니고 다니면서 환자의 정맥을 갈라 혈액을 뽑는 치료를 자주 했다고 해요. 이른바 '사혈'이라는 치료법입니다.

사혈은 19세기 무렵까지 즐겨 쓰이던 치료법으로, 온갖 질병에 효험이 있다고 여겨졌어요. 무슨 병에 걸렸든 일단 사혈부터 하는 게 표준 치료법일 정도로요. 왜 그토록 사혈에 집착했을까요? 그 발상의 뿌리에는 '사체액설'이 있습니다.

고대 그리스 시대에 활약했던 의학의 아버지, 히포크라테스와 고대 로마 시대에 황제의 의사로 일했던 클라우디오스 갈레노스는 체액이 불균형할 때 병이 생긴다고 주장했습니다. 갈레노스는 인간의 체액을 혈액, 황담즙, 흑담즙, 점액, 이렇게 네 종류로 나누고, 이 균형이 무너지면 병에 걸린다고 말했죠. 현대 의학의 기준에서는 그저 황당하게만 보이는 이 학설은 놀랍게도 2000년 가까이 정론으로 여겨졌습니다.

사체액설이 옳다고 여기면 몸에 피가 지나치게 많을 때는 사혈을 하는 게 합리적인 치료법으로 보입니다. 이 이론에 따르면 여성의 월경은 정기적으로 체액 균형을 맞추기 위한 자연의 섭리였고, 상처에 진물이 나거나 종기가 생겨 고름이 나는 현상도 불필요한 체액을 배출하는 과정이었습니다.

그런데 이 사혈 치료는 유명인들의 죽음과도 관련이 있습니다. 18세기 말, 미국의 첫 대통령이었던 조지 워싱턴은 심한 상기도염, 즉 감기에 걸렸습니다. 주치의는 치료법으로 사혈을 선택해 그에게서 2.5리터 정도의 피를 뽑아냈습니다. 당연히 효과는 없었고, 얼마 후 워싱턴은 세상을 떠났습니다.

세기의 작곡가 모차르트도 비슷한 시기에 병으로 쓰러졌습니다. 모차르트 역시 죽기 직전에 의사들이 2리터 정도의 피를 사혈로 뽑았다고 합니다.

몸 상태가 좋지 않을 때 피를 뽑는 행위는 현대 의학의 기준에서는 돌팔이 치료입니다. 죽음을 앞당기면 앞당겼지, 절대 병이 나을 리가 없죠. 그러나 인체 구조도, 병이 생기는 원리도 몰랐던 시대에는 사혈의 효과가 거의 종교적 믿음 수준으로 받들어졌습니다.

질병과 장기를 처음으로 연결 짓다

잠시 눈을 감고 배가 살살 아파 온다고 상상해 볼까요? 그러면 보통 아픈 부위를 손으로 짚으며 '여기쯤에 있는 장기가 아픈가 보다'하고 생각할 겁니다. 그러나 이런 식으로 아픈 원인을 장기와 연관 짓는 사고방식은 그리 오래되지 않았습니다. 18세기 이후에나 이러한 상식이 자리 잡았거든요.

'체액 불균형 때문에 질병이 생긴다'는 논리가 주류였던 시대에 '특정한 장기가 질병의 원인이다'라는 주장은 마치 기계가 고장 나면 어떤 부품이 망가졌을 거라 짐작하는 것처럼 들려 그릇된 발상으로 여겨졌습니다. 신비로운 인체가 기계처럼 단순하게 작동할 리 없다는 것이죠. 당시 사람들이 질병의 원인을 장기에서 찾아야 한다는 현대인의 생각을 들으면 고개를 절레절레 내저었을 것입니다. 우리가 지금 질병을 바라보는 관점은 옛사람들의 상상을 초월하는 것이거든요.

이러한 시대에는 아픈 부분을 잘라 내거나 없애는 방식의 외과 치료가 발전할 수 없었습니다. 현대와는 전혀 다른 방식으로 병을 이해하고 있었으니까요. 사람들의 생각에 서서히 변화가 생긴 건 18세기 후반부터였습니다. 그 중심에는 바로 해부를 통해 몸속 장기에 생긴 이상을 발견하려는 시도가 있었습니다.

해부 병리학은 병으로 사망한 환자의 몸을 부검해서 몸 안에 어떤 변화가 일어났는지를 자세히 연구하는 학문입니다. 장기나 조직이 병으로 인해 어떻게 변했는지를 확인하면 생전에 앓았던 병과 연결해서 생각해 볼 수 있지요. 해부로 병의 원인을 찾는 방법은 오늘날에도 사망 원인을 밝히거나, 치료가 적절했는지를 확인하는 중요한 검증 수단입니다.

해부 병리학이 보급되면서 질병을 바라보는 관점은 크게 바뀌었습니다. 마치 새로운 시대가 열리는 것과 같은 패러다임의 전환이었죠. 이런 큰 변화를 처음 이끈 사람은 이탈리아의 의사인 조반니 모르가니였습니다. '근대 병리학의 아버지'라고도 불리는 인물이죠.

모르가니는 60년에 걸쳐 무려 700건이나 되는 부검을 진행했습니다. 그리고 1761년에 자신의 연구를 정리해 《해부에 의하여 검색된 질병의 위치와 원인에 관하여》라는 책을 출판했어요. 그 책에서 그는 "질병은 특정 장기에서 일어나는 변화와 관련 있다."고 주장했습니다. 당시로서는 시대를 앞서간 혁신적인 생각이었지요.

물론 모르가니도 여전히 갈레노스의 사체액설 안에서 자

신의 관찰을 설명하려 애썼습니다. 하지만 그의 연구로 인해 환자가 살아 있는 동안에도 '병이 생기는 자리'를 몸 안에서 찾고, 그 부분을 치료한다는 발상이 꽃피우게 되었어요. 현대에 이루어지는 외과 치료는 이러한 패러다임 전환을 거쳐 탄생했습니다.

조반니 모르가니

감염병과 팔다리 절단

'고름'의 정체

우리는 상처가 곪는 이유를 잘 알고 있습니다. 고름은 상처 안으로 들어온 세균이 증식해 감염을 일으켰다는 신호이죠. 허연 고름은 혈액에 있던 혈청 성분과 죽은 세포, 세균과 싸우다 죽은 백혈구 들로 이루어져 있습니다.

요즘에는 상처가 생기면 감염이 되지 않도록 깨끗이 소독하고, 필요하면 항생제도 사용합니다. 심한 상처도 꿰매기 전에 반드시 소독한 후 치료를 하죠. 의사가 아니더라도 '세균이 상처에 들어가면 고름이 생긴다'는 정도는 공공연한 사실로 알려져 있습니다.

그런데 인류사를 통틀어 보면 이런 지식은 아주 최근에야 생겼습니다. 19세기 이전까지만 해도 사람들은 이 세상에 눈에 보이지 않는 미생물이 존재한다는 사실조차 몰랐거든요. 그래서 보이지도 않는 작은 생물이 몸에 들어와 병을 일으킨다는 생각은 터무니없는 이야기처럼 들렸습니다.

그러던 중 19세기 후반, 독일의 의사 로베르트 코흐가 탄저병, 결핵, 콜레라의 원인이 되는 세균을 발견했습니다. 그리고 '세균이 감염병을 일으킨다'는 사실을 최초로 밝혔죠. 이 발견 후로 인류를 위협하던 감염병 하나하나가 각기 다른 미생물의 소행이었다는 사실이 차례차례 밝혀졌습니다. 코흐는 이 위대한 발견으로 1905년에 노벨 생리·의학상을 받았어요.

놀랍게도 이 일은 겨우 100년 전의 이야기입니다. 인류의 역사는 감염병과 싸운 역사이기도 해요. 그러나 아주 최근까지도 우리는 누구와 싸우는지도 모른 채 싸워 온 셈입니다.

나쁜 공기라는 착각

감염병을 잘 몰랐던 과거의 인류는 사람과 사람 사이에 병이 퍼지는 이유를 조금 기묘하게 해석했습니다. 이를 테면 '나쁜 공기' 때문에 유행병이 생긴다고 믿었지요. 이러한 생각을 장기설, 혹은 미아즈마 이론이라고 해요. 이때 '장기'와 '미아즈마' 모두 나쁜 공기라는 뜻이죠. 감염병 가운데 하나인 말라리아의 어원 또한 이탈리아어로 '나쁜 공기(mal aria)'입니다. 말라리아의 원인도 나쁜 공기라고 믿은 당시 사람들의 생각이 반영된 흔적이죠. 18세기 무렵까지도 사람들은 이 생각을 믿었습니다.

상처가 곪는 현상도 잘못 이해했습니다. 상처가 나으려면 반드시 고름이 나와야 한다고 믿었고, 고름이 나오면 오히려 좋은 일이라고 여겼어요. 그래서 고름을 '올바른 고름(laudable pus)'과 같은 말로 부르기도 했습니다. 오늘날과는 정반대로 반가운 징조로 받아들였죠.

심지어 상처에 지저분한 연고를 바르거나, 일부러 상처를 열어 고름을 빼내는 치료를 하기도 했습니다. 지금 생각하면 위험하기 짝이 없는 일이지만, 당시에는 환영받는 치료법이었어요. 물론 대부분은 감염으로 목숨을 잃었지만, 극소수의 환자는 자력으로 운 좋게 살아남았고, 사람들은 그걸 '고름 덕분에 나았다'고 착각했죠.

그 시절에는 세균이 있다는 사실도 모르니 당연히 소독이라는 개념도 없었고, 항생제가 생겨날 여지도 없었어요. 상처가 생기면 대부분은 곪았고, 그중 아주 일부만 회복했죠. 그러다 보니 사람들은 이 과정을 당연하다 생각했고 고름이 나오는 것도 치유의 일부로 착각했던 거예요.

그 시절 상처 감염은 저절로 낫거나, 악화되어 생명을 잃거나 둘 중 하나였습니다. 물론 외과 의사들은 이를 운에 맡기려 하지 않았습니다. 의사로서 긍지를 갖고 고심하며 감염이 온몸에 퍼지지 않게 막을 수단을 열심히 찾았죠.

그리고 그들이 도달한 결론은 바로 '팔다리 절단'이라는 치료였습니다.

잘려 나간 수많은 팔다리

인류는 오랜 세월 전쟁을 되풀이하며 끊임없이 서로의 몸에 상처를 냈습니다. 항생제가 없던 시절에는 전쟁에서 큰 상처를 입으면 곧바로 감염이 생겼고, 죽음으로 이어졌습니다. 그래서 전쟁터에서는 감염이 퍼지지 않도록 팔다리를 잘라 내는 수술이 자주 이루어졌습니다.

끔찍하게도 마취 기술도 없던 시절이었습니다. 수술하기 전에는 절단 부위 윗부분을 끈으로 꽁꽁 동여매고, 찬물을 붓는 등의 준비를 했습니다. 그러고서 외과 의사가 전용 기구로 환자의 팔다리를 절단했습니다. 당연히 환자는 엄청난 고통에 몸부림쳤습니다. 환자 몸을 눌러 제압할 조수를 몇 명씩이나 동원해야 했죠. 환자가 움직이지 못하도록 온몸을 고정하는 쇠사슬이 달린 수술대도 만들었어요.

절단 수술이 점점 보편화되면서, 현장에서 쓸 수 있는 다채로운 절단 도구들도 속속 개발되었습니다. 수술할 때는 먼저 피부와 근육을 큼직하게 절개한 다음, 뼈를 전용 톱으로 빠

다채로운 절단 기구

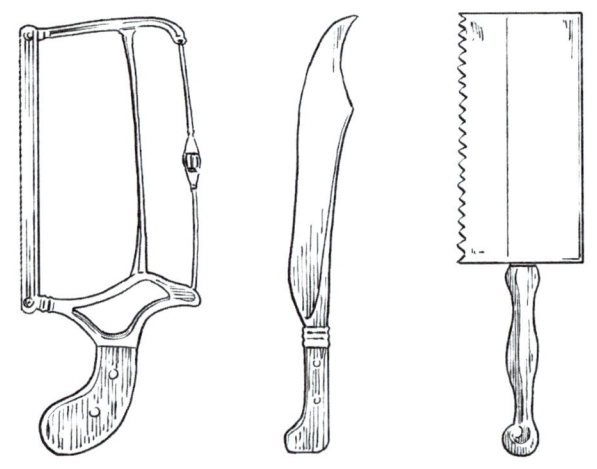

르게 잘라 냈습니다. 이러한 절단 수술은 오랜 기간 빈번히 이루어졌어요.

시간이 지나면서 전쟁 무기는 더 강력해졌고, 그만큼 부상도 더 심하고 복잡해졌습니다. 특히 15세기 무렵부터는 총상이 크게 늘어났어요. 총구에서 발사된 총알은 피부를 뚫고 몸 안으로 파고들어 큼직한 상처를 냈습니다. 세균에 오염된 총알이 몸 깊이 파고들어 감염을 일으키면 심각한 부상으로 발전할 가능성이 컸습니다. 그런데 감염 지식이 없던 당시에는 '화약 자체가 유독한 물질'이라고 믿고 몸 안에 들어온 이 독을 '해독'해야 한다는 생각에 사로잡혔죠. 그래서 외과 의사들은 상처에 펄펄 끓는 기름을 부었습니다. 쉽게 말해 상처를 지져서 독성을 없애는 치료를 한 거예요.

확실히 이 방법으로 해당 부위에 있는 세균을 태워 죽일 수는 있습니다. 또 혈관 벽을 이루는 단백질이 변성되어 굳으면서 지혈이 되는 효과도 있죠. 감염 예방과 지혈을 동반하는 일석이조 효과로 보이기도 했습니다.

하지만 마취도 없이 상처 부위를 지지는 치료는 환자에게 끔찍한 고통을 안겨 주었습니다. 통증에 신음하다 정신을 잃는 환자도 많았어요. 지금 생각하면 상상조차 하기 싫은 치료지만, 당시에는 당연하게 이루어졌습니다.

외과 의사와 이발소

서양에서는 중세 이전부터 외과 의사뿐만 아니라 이발사도 수술을 맡는 일이 흔했습니다. 단순히 머리를 자르는 것만이 아니라, 사마귀를 제거하거나 상처를 지지고 피를 뽑는 일까지 이발사 업무에 포함됐어요. 전쟁이 일어나면 많은 이발사 출신 외과 의사들이 군의관으로 참전하기도 했습니다.

'근대 외과학의 아버지'라 불리는 프랑스의 앙브루아즈 파레도 원래는 이발사 밑에서 외과 수련을 시작했습니다. 1537년, 파레는 군의관으로 전쟁에 참전합니다. 파레도 다른 의사들과 마찬가지로 화약으로 생긴 상처를 펄펄 끓는 기름으로 지져 치료했습니다. 그러던 어느 날, 환자가 한꺼번에 쏟아지는 바람에 준비한 기름이 다 떨어지고 말았습니다. 고민하던 파레는 하는 수 없이 달걀노른자로 만든 연고를 상처에 발랐습니다.

당시 상식으로는 이러한 치료가 효과를 볼 리 없었습니다. 환자 몸에 '화약 독'이 스며들어 죽게 될 것이었거든요. 그날 밤 파레는 환자가 걱정되어 잠을 이루지 못했습니다. 다음 날,

아침 일찍부터 환자를 보러 간 파레는 놀라운 광경을 목격합니다. 상처가 악화되기는커녕 부기가 가라앉고 통증도 줄어든 것이었죠. 약 500년이 지난 지금의 관점으로 봐도 파레의 치료는 합당했어요. 연고를 발라서 상처가 마르지 않게 하는 처치는 현대 의학에서도 권하는 치료법이니까요.

파레는 다른 중요한 치료법도 개발했습니다. 바로 혈관을 실로 묶는 '결찰'입니다. 팔다리를 절단하면 잘라 낸 단면에서 쏟아지는 피를 막아야 했습니다. 그래서 당시에는 지혈을 위해 달군 인두로 수술 단면을 지지는 '소작'이라는 방법을 주로 사용했습니다. 안 그래도 마취 없이 사지를 절단하는 수술의 고통을 견뎌 내야 하는데 통증을 덜어 주기는커녕 상처를 지지다니, 정말 무시무시한 처치였죠.

파레는 상처를 지지는 대신 절단된 혈관을 실로 묶어서 지혈하는 방법을 택했습니다. 호스 끝을 묶으면 물길이 멈추듯 잘린 혈관을 실로 묶어서 막으면 피가 새는 걸 막을 수 있죠. 이렇게 적고 보면 당연하게 느껴지는데, 당시로서는 획기적인 치료법이었습니다.

이 혈관을 묶는 시술은 오늘날 외과 치료의 기초가 되는 처치입니다. 수술 중 혈관을 자르기 전에 혈관을 실로 묶거나

앙브루아즈 파레

꿰매서 지혈하죠. 의료 현장에서 이 방법이 쓰이는 것을 보면, 파레가 어째서 근대 외과학의 아버지라고 불리는지를 여실히 이해할 수 있어요.

파레는 자신이 터득한 외과학 지식을 책으로도 많이 남겼습니다. 그리고 그 책을 당시 지식인들이 즐겨 쓰던 라틴어가 아닌 일상에서 쓰던 친숙한 프랑스어로 썼습니다. 그 덕분에 라틴어를 모르는 이발사 외과 의사들도 쉽게 배워서 현장에서 활용할 수 있었어요.

이발사 출신을 낮잡아 보던 의학계의 의사들은 한때 파레를 곱지 않게 보았지만 점차 그의 뛰어난 실력을 인정했습니다. 나중에 파레는 프랑스 국왕의 주치의로 임명되어 확고한 지위를 얻게 되었죠.

재빠른 수술 솜씨와 세계 최초의 구급차

수술은 아픔을 참는 시간이었다

옛날에는 수술이라고 하면 끔찍한 통증을 생생히 느끼며 견디는 게 당연했습니다. 전신 마취 기술이 개발되어 전 세계에 널리 보급된 건 20세기 이후의 일이니까요. 고통 없는 수술은 감히 상상조차 하지 못했죠.

그런 시대에 외과 의사가 갖추어야 할 가장 중요한 자질은 '얼마나 빨리 수술을 끝내느냐'였습니다. 재빠르게 수술하는 솜씨가 미덕으로 여겨졌죠. 환자가 고통을 느끼는 시간을 줄이는 것이 외과 의사로서 매우 중요한 일이었습니다.

과거 유럽에서는 많은 사람들이 '방광 결석'이라는 병으로 고통을 받았습니다. 방광 결석은 말 그대로 방광 안에 돌이 생기는 병으로, 통증이나 혈변 같은 증상을 일으켜요. 요로 결석의 한 종류이죠. 위생 상태가 좋지 않은 시절이라 요로 감염이 일어나기 쉬웠고, 가난한 환경에서는 물을 충분히 마시지 못해 돌이 잘 생겼던 것으로 보입니다.

이 돌을 꺼내려면 항문을 활짝 벌리고 방광을 절개하는 수술을 해야 했습니다. 마취 없이는 끔찍한 고통이 뒤따르는 수술이었죠. 환자는 수술을 받는 동안 등을 대고 누워 다리를 들어 올린 뒤 가랑이를 벌리는 자세를 취해야 했습니다.

이 자세는 오늘날에도 직장과 자궁, 방광 같은 골반 안쪽 장기를 수술할 때를 비롯해 다양한 상황에서 활용되는 '쇄석위'입니다. 쇄석위는 돌을 깨는 자세라는 뜻으로, '결석 제거술 자세'라고도 불러요. 방광 결석 수술이 흔하게 이루어지던 시절의 흔적입니다.

18세기를 대표하는 영국의 외과 의사 윌리엄 자딘은 이 방광 결석 수술에 아주 뛰어났습니다. 보통 한 시간 정도 걸리던 수술을 1분도 안 되는 시간에 끝내는 신기에 가까운 솜씨로 명성을 얻었어요. 수술 시간이 짧으니 출혈도 적고, 당시

대단한 의학

쇄석위

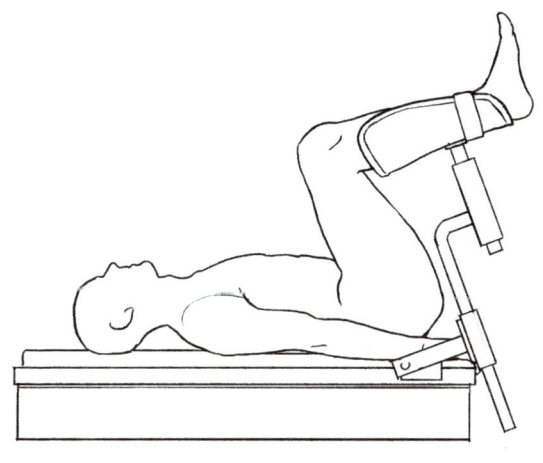

40~50퍼센트에 달하던 사망률도 10퍼센트 이하로 낮추는 데 성공해 자던의 이름은 유럽 전역에 퍼졌습니다.

오늘날에는 환자에게 고통을 주지 않고 몇 시간씩 수술을 할 수 있습니다. 그럼에도 수술 솜씨가 좋은 외과 의사들은 대체로 수술 속도도 빠릅니다. 그렇다고 해서 모든 수술을 빠르게만 끝내야 한다는 뜻은 아닙니다. 목표에 도달하기까지 필요한 과정이 적고, 불필요한 움직임이 없어 결과적으로 걸리는 시간이 짧다는 말입니다.

수술의 '속도'는 단순히 빠른 손놀림에만 달린 것이 아닙니다. 명민한 두뇌, 철저한 준비와 계획, 상황에 맞는 판단, 그리고 사람 몸에 대한 깊은 이해가 어우러진 결과이죠. 속도는 그러한 좋은 수술의 결과일 뿐입니다.

얼마나 빠르게 잘라 낼 것인가

팔이나 다리를 절단하는 수술에서도 속도는 중요했습니다. '팔다리를 얼마나 빨리 잘라 낼 수 있느냐'가 외과 의사의 실력을 판단하는 기준이 되기도 했으니까요.

18세기 말부터 19세기 초에 활약한 프랑스의 군의관 도미니크장 라레는 번개 같은 수술 속도로 유명했습니다. 그는 전쟁터에서 24시간 동안 무려 200건이나 절단 수술을 하는 살벌한 기록을 세워 당시 군을 이끌던 나폴레옹의 절대적인 신뢰를 받았습니다.

라레가 단지 빠른 수술만으로 역사에 이름을 남긴 것은 아닙니다. 그는 세계 최초로 환자의 계급이나 국적이 아닌 '부상이 심한 정도'에 따라 환자를 구분하고 치료 순서를 정하는 방법을 생각해 낸 사람으로 유명합니다. 이 방법은 '트리아지(triage)'라고 불리며, 지금도 재해나 응급 상황에서 환자를 분류할 때 쓰는 기법입니다.

'트리아지'는 선별이라는 뜻입니다. 지진이 자주 일어나는 일본에서는 1995년 한신·아와이 대지진 이후에 이 용어가 널리 알려졌습니다. 부상자가 많은 재해 의료 현장에서는 상태가 심각하면서도 회복 가능성이 있는 환자를 어떻게 빨리 이송할지가 무척 중요합니다. 반대로, 살릴 가능성이 무척 희박한 환자나 급하지 않은 환자는 나중에 이송하는 것이 원칙입니다.

현재는 환자의 상태를 색깔로 구분하는 트리아지 방법이 자주 사용됩니다. 빨간색 태그는 가장 먼저 치료가 필요한 환자, 노란색 태그는 빨간색 다음으로 치료, 초록색 태그는 가벼운 부상으로 즉시 이송 필요 없음을 뜻합니다. 검은색 태그는 생명을 구할 수 없어 이송하지 않는다는 뜻으로 각 환자에 맞는 태그를 달아 응급 환자를 선별하죠.

많은 부상자가 동시에 나오는 현장에서는 한정된 자원을 가지고 어떻게 더 많은 생명을 구할지가 중요합니다. 라레는 200년도 더 전에 전쟁터에서 이 원칙을 고안하여 적군 병사를 포함해 수많은 부상자들의 목숨을 구했습니다.

세계 최초의 구급차

라레는 전쟁터에서 의료진이 항상 후방에서 대기할 수밖에 없는 현실을 머리 싸매고 고민했습니다. 혼란의 도가니인 전쟁터 한복판에서 병사들이 다치면, 후방으로 데려올 때까지 의료진은 그저 발을 동동 구르며 기다리는 수밖에 없었거든요. 치료 시작은 한없이 늦어졌고, 때를 놓쳐 목숨을 잃는 병사들도 많았습니다.

이 문제를 해결하려고 고뇌를 거듭하던 라레는 획기적인 아이디어를 떠올렸습니다. 전용 수송차를 동원해 전선에서 후방으로 병사들을 차례차례 옮기는 방법이었습니다. 이 방법을 도입하면 치료를 보다 빠르게 시작해 생존율을 높일 거라고 기대했죠.

부상자들이 쾌적하게 이동할 수 있도록 라레는 튼튼한 패드와 충격을 줄여 주는 장치를 갖춘 마차를 만들었습니다. 전쟁터에 투입된 마차는 번개 같은 속도로 내달려 환자들을 옮겼어요. 이 마차가 최초의 본격적인 구급차로 여겨집니다.

'날아다니는 구급차'라 불린 이 마차는 그 후로 프랑스의 전쟁터에서 널리 사용되었습니다.

어떻게 환자를 빠르게 이송하고, 어떻게 신속히 치료를 시작할 것인가. 이 어려운 문제 앞에서 라레는 전쟁터의 외과 의사로서 최선을 다했습니다. 그가 의사로서 펼친 전술은 오늘날 구급 의료의 기본이 되었죠. 라레가 지금도 '구급 의료의 아버지'로 기억되는 이유입니다.

세계 최초의 구급차

닥터 두리틀의
실제 모델

광기에 가까운 호기심

방광 결석 수술로 이름을 날렸던 윌리엄 자딘 기억나죠? 이 자딘에게 존 헌터라는 제자가 있었는데, 그는 다른 방면으로 유명했습니다. 유명한 책 속 주인공의 모델이거든요.

영국의 외과 의사였던 헌터는 아동 문학 작품인 《닥터 두리틀》의 주인공, 존 두리틀의 모델로 알려져 있습니다. 존 두리틀은 솜씨 좋은 의사이자 박물학자였습니다. 생물 표본을 수집하고 자신의 저택에 딸린 드넓은 정원에서 수많은 동물을 길렀죠.

꿈같은 장소로 그려지는 두리틀의 저택은 헌터의 저택을 그대로 본떠 만든 설정입니다. 헌터는 시골 저택에 딸린 널따란 정원에서 얼룩말과 염소, 사자, 표범 같은 다양한 동물을 기르며 살았습니다. 그는 어린 시절부터 생물에 아주 집착했어요. 광기에 가까운 수준으로 강한 관심을 보였고, 평생에 걸쳐 엄청난 양의 표본을 만들었습니다. 진귀한 동물과 식물, 곤충, 인체 골격 같은 것들이 무려 1400점이나 되었죠. 지금은 영국 런던에 위치한 헌터리안박물관에 그 시절 헌터가 모은 소장품이 누구나 볼 수 있게 전시되어 있습니다.

유별난 호기심을 원동력으로, 헌터는 엄청난 수의 생물을 해부했습니다. 해부한 생물의 구조를 상세히 관찰하던 그는 흥미로운 사실을 깨달았습니다. 당시 누구도 생각하지 못했던, 이단에 가까운 발상이었습니다.

그는 생물들이 비슷한 구조를 가진 경우가 많다는 것을 발견했습니다. 생물의 몸 구조를 비교하면 서로 관련이 많은 생물과 그렇지 않은 생물이 있다는 것도 알게 되었죠. 예를 들어 고래는 물고기처럼 바다를 헤엄치지만, 고래의 장기를 보면 물고기와는 많이 다릅니다. 그래서 헌터는 고래가 오히려 육지 동물의 먼 조상이 아닐까, 아니 어쩌면 생물에게 공통의 조

존 헌터

상이 있는 건 아닐까 하는 생각을 하게 됩니다.

당시에는 노아의 대홍수 때 지금 존재하는 모든 동물이 갖추어졌다는 종교적인 믿음이 일반적이었습니다. 하지만 헌터는 자신의 눈으로 관찰하고 실험을 하며 '생물의 진화'라는 진실에 한 걸음 더 가까이 다가갔습니다. 찰스 다윈이 《종의 기원》을 발표하고 진화론을 세상에 알린 것은 헌터가 세상을 떠난 지 66년 후의 일입니다.

헌터는 종교의 가르침보다는 직접 본 것을 믿었고 살아 있는 모든 생물을 과학적으로 이해하려고 했습니다. 그중에서도 특히 관심을 두었던 것은 역시 사람의 몸이었습니다.

파격적인 시신 해부

헌터는 윌리엄 체셀든 같은 저명한 의사들을 스승으로 삼아 외과 기술을 배웠고, 1761년에는 군의관으로 전쟁에 참전해 실무 경험을 쌓았습니다. 1768년부터는 세인트조지병원의 외과 의사로 일했죠. 그가 인체에 대해 품은 호기심은 일반적인 의사의 수준을 훨씬 웃돌았습니다.

헌터는 사람의 몸을 해부해 자세히 관찰하고 실험하는 것으로만 정확한 지식을 얻을 수 있다고 믿었습니다. 하지만 동물이나 곤충과 달리, 사람의 시신을 해부하는 것은 아주 조심스러운 일이었습니다. 호기심 때문에 아무나 죽여 해부할 수는 없으니까요.

그러나 그는 광기 어린 열정을 품고 누구보다도 많은 시신을 해부하고 싶어 안달했습니다. 물론 해부학 지식에 목마른 건 헌터만이 아니었습니다. 당시 외과 의사와 해부학자 모두 앞다투어 무덤을 파낼 정도로 교재로 쓸 시신 확보에 열을 올렸거든요.

헌터는 더 꾀를 내었습니다. 전문 도굴꾼을 고용해 몰래 시신을 사들이는 구조를 마련한 것이죠. 이 시신 거래 사업은 나중에 영국과 미국에서 사회 문제로 불거졌지만, 결과적으로 헌터는 수많은 시신을 확보해 뛰어난 해부학 지식을 쌓게 되었습니다.

헌터는 희귀한 동물의 사체를 탐하듯 특별한 사람의 시신도 탐냈습니다. 그 즈음 세계에서 가장 키가 크다고 알려진 사람은 아일랜드 출신의 거인 남성, 찰스 번이었습니다. 그는 거인병으로 불리는 말단 비대증에 걸려 병적으로 키가 컸습니다. 230센티미터나 되었죠. 이 병에 대한 의학 지식이 없었기에 당시에는 거인이라는 점을 내세워 쇼에도 나가는 유명 인사였습니다.

헌터는 번의 희귀한 몸을 손에 넣어 속속들이 분석하고 싶다는 열정에 불타올랐습니다. 그래서 다른 해부학자보다 먼저 번의 시신을 확보하기 위해 번의 임종이 다가오자 감시원까지 고용해 그의 상태를 지켜봤죠. 1783년, 번이 스물두 살의 나이로 눈을 감자 헌터는 장의사에게 큰돈을 주고 번의 시신을 챙겨 골격 표본을 완성했습니다.

번의 이 골격은 최근까지도 헌터리안박물관의 대표 전시물이었지만, 2023년 1월에는 전시가 중단되었습니다. 고인의 뜻을 존중해야 한다는 지적이 끊이지 않아서입니다. 과거 헌터가 시신을 얻은 방법이 윤리적이지 않았다는 사실이 이제야 문제시된 것입니다.

헌터의 들끓는 탐구심은 성병에까지 이르렀습니다. 그는 임질이라는 성병에 어떻게 감염되는지 알아보기 위해 임질 환자의 고름을 직접 자신의 몸에 찔러 넣는 실험까지 했습니다. 그 밖에도 성병에 관한 방대한 지식을 정리하여 1786년에는 《성병에 관한 연구》라는 책을 펴냈습니다.

헌터는 많은 논문과 책을 발표하며 의학계에서 중요한 위치에 올랐습니다. 그는 인체도 화학과 물리의 세계처럼 철저하게 관찰과 실험을 통해 과학적으로 이해할 수 있다고 믿었습니다.

이러한 헌터의 발상은 당시로서는 이단에 가까웠어요. 많은 사람에게 사람의 몸이란 '신비한 창조물'이었고, 과거의 위인들이 남긴 문헌을 통해 배워야 하는 대상이었거든요. 자신만의 생각을 밀어붙인 헌터는 후에 영국에서 '외과학의 아버지'로 불리게 됩니다.

1772년에는 자신의 집에서 사설 해부학 강의를 열어 많은 제자를 키웠습니다. 그중에는 훗날 세계 최초로 천연두 백신을 개발한 에드워드 제너도 있었습니다.

산부인과 의사였던 형 윌리엄

존 헌터의 형인 윌리엄 헌터 또한 산부인과 의사로 이름을 알린 인물입니다. 특히 1774년에 낸 임산부의 자궁 구조를 자세히 서술한 책으로 유명합니다.

당시는 엑스레이나 자기 공명 영상(MRI), 초음파 같은 장비가 없었기에 사람 몸속을 들여다보는 것은 상상조차 어려웠습니다. 그런데 동생 존 헌터가 몰래 임신 중 사망한 여성의 시신을 구해 와 해부할 기회가 생겼습니다. 임신 각 단계에 해당하는 시신을 하나하나 모으는 광기에 가까운 작업은 존 헌터의 황당한 열정과 그가 마련해 둔 시신 거래 사업 덕분에 가능했습니다.

헌터 형제는 누구도 알지 못했던 여성의 뱃속에서 태아가 자라나는 과정을 밝혀냈습니다. 경악할 만한 행보이기는 했으나, 이들의 연구는 결과적으로 의학의 발전에 확고히 이바지하게 됩니다.

최초로 남작 작위를
받은 의사

발효와 부패의 차이

빵, 와인, 된장…. 곡물과 과일을 발효시켜 만든 음식은 참
으로 다양합니다. 이 발효라는 과정은 세균이나 곰팡이 같은
미생물이 작용한 결과입니다. 그런데 음식을 마냥 방치하면
썩어서 맛이 변하고 악취가 풍겨 먹을 수 없게 됩니다. 이 부
패라는 작용도 미생물 때문에 일어나지요.

발효와 부패는 사실 미생물이 살아가기 위해 주변의 유기
물을 분해하고 에너지를 얻는 활동일 뿐입니다. 그런데 그 분
해 과정에서 생긴 물질이 사람에게 도움이 되면 '발효'라고 부

르고, 쓸모가 없으면 '부패'라고 부르죠. 두 현상 모두 우리 눈에 보이지 않는 아주 작은 생물들의 생명 활동입니다.

발효와 부패라는 현상 자체는 아주 오래전부터 알려져 있었습니다. 하지만 이 현상이 미생물의 활동이라는 사실은 오랫동안 알지 못했죠. 이를 밝혀낸 사람은 '미생물학의 아버지'라 불리는 프랑스의 화학자이자 미생물학자인 루이 파스퇴르입니다.

파스퇴르는 19세기 중반에 세균에 관한 연구 논문을 프랑스 과학지에 발표해 수많은 과학자에게 충격을 안겼습니다. 그런데 이 논문은 바다 건너 뜻밖의 장소에서 활용되었습니다. 바로 외과 치료 현장입니다.

감염 원리를 이해하고 소독을 도입하다

그 당시 외과 수술은 팔다리를 자르거나, 유방암 수술을 하는 등 몸의 표면을 다루는 수준에 머물렀습니다. 그러나 많은 환자들이 수술을 받고도 상처가 감염되어 치료할 틈도 없이 목숨을 잃곤 했습니다.

상처 감염은 피부에 살고 있던 포도상 구균이나 연쇄상 구균 같은 세균이 상처 안으로 들어가 증식하면서 생깁니다. 감염이 온몸으로 퍼지면 환자는 죽음의 문턱까지 다다르게 되죠. 그때는 이런 감염이 왜 발생하는지 몰랐기에, 고름이 차거나 감염이 생겨도 그저 원인을 알 수 없는 자연 현상이라고 생각했습니다.

1867년 자료에 따르면 하버드대학교의 매사추세츠종합병원에서 사지 절단 수술을 받은 환자의 사망률은 26퍼센트로, 대부분 상처 감염이 원인이었습니다.

영국 글래스고대학교에 일하던 외과 의사 조지프 리스터는 수술 후 일어나는 상처 감염을 어떻게 막을지 고민했습니다. 파스퇴르의 논문을 여러 차례 읽던 그는 한 가지 가설에 도달했습니다.

'환자의 상처에 일어나는 반응이 발효와 부패처럼 미생물에 의한 현상은 아닐까?' 하는 것이었죠. '만약 미생물이 상처에 침입해 감염을 일으킨다면, 이 미생물을 죽여 감염을 막을 순 없을까?' 하는 생각까지 다다랐습니다.

그렇다면 미생물을 무엇으로 죽일 수 있을까요? 리스터는 근처 마을에서 쓰레기 처리나 하수구 냄새 제거에 쓰던 석탄산에 주목했습니다. 썩는 냄새를 없애는 석탄산에 살균 효과가 있을지도 모른다고 생각한 것입니다.

1865년 8월, 마차 사고로 다리에 개방 골절(뼈가 밖으로 드러난 상태)이 생긴 열한 살 소년이 글래스고왕립병원에 실려 왔습니다. 리스터는 자신의 가설을 시험하기 위해 석탄산을 적신 천으로 소년의 상처를 감쌌습니다. 이렇게 뼈가 드러난 상처는 적절한 치료를 하지 않으면 높은 확률로 심하게 감염되기 때문에 보통 다리를 절단하는 수술을 했습니다. 그런데 놀랍게도 리스터가 치료한 이 소년은 6주 뒤에 감염 없이 말끔히 나았습니다.

리스터는 매우 철두철미한 사람이었습니다. 이 성공 이후 상처뿐 아니라 상처에 닿는 수술 기구와 의사의 손, 환자를 둘러싼 모든 수술 환경을 꼼꼼히 소독하기 시작했습니다. 수술실에 떠도는 미생물까지 없애기 위해 석탄산을 담은 분무기를 제작해 안개처럼 보일 만큼 뿌릴 정도였습니다.(이 방법은 오히려 인체에 해롭다는 사실이 알려진 뒤로 사용이 중지되었습니다.)

1870년, 《랜싯》에 발표된 리스터의 성과는 엄청났습니다. 수술 후 사망률이 45.7퍼센트에서 소독을 하고 난 뒤 15퍼센트로 줄어든 것입니다. 사망하는 환자가 3분의 1로 줄어든 것이죠.

현대 의료 현장에서 소독 없는 수술은 있을 수 없습니다.

수술을 위해 살갗을 가른다면, 피부 표면에 미리 소독액을 충분히 바르는 것이 상식이죠. 피부에 있던 균을 죽여 감염을 예방하기 위해서입니다. 이 상식을 처음 도입한 게 바로 리스터입니다.

1897년, 수술용 소독제로 개발된 '리스테린'은 리스터의 이름에서 따왔습니다. 지금은 같은 이름으로 구강 청결제가 나와 세계 50개국 이상에서 쓰이고 있죠. 식중독을 일으키는 세균 중 하나인 '리스테리아균'도 세균과 싸울 수단을 후세에 남긴 리스터를 기념해 지어진 이름입니다.

세계에서 처음으로 소독이라는 개념을 세운 리스터는 1897년, 외과 의사로는 처음으로 남작 작위를 받아 역사에 그 이름을 남겼습니다.

청결과 나이팅게일

한때 병원은 너무 불결했다

요즘 사람들은 '수술'이라는 말을 들으면 어떤 이미지를 떠올릴까요? 아마도 먼지 한 톨 없는 청결한 수술실에서 일회용 가운과 마스크, 모자, 장갑까지 착용한 의료진을 떠올리지 않을까 싶습니다. 멸균된 수술 기구를 쓰는 것 또한 당연하겠죠. 어떤 식으로든 청결한 모습을 상상할 겁니다.

그런데 이 '청결'이라는 개념은 매우 현대적인 것입니다. 적어도 18세기 무렵까지 의사는 맨손으로, 마스크와 모자도 없이, 이 환자에게 썼던 도구를 저 환자에게도 쓰며 수술했기 때문입니다. 당시 유럽 외과 의사들은 무릎 위까지 내려오는 검은 정장 코트를 입고 수술을 했는데, 어찌나 안 빨았는지 옷에 계속 피가 묻어서 마치 코팅된 것처럼 굳어 있을 정도였습니다. 현대인의 눈으로 보면 불결하기 짝이 없는 광경이죠. 수술하며 의사 본인이 감염될 위험도 있었으나 너무 무방비한 상태로 수술실에 들어간 것입니다.

게다가 수술실뿐 아니라 병원 전체가 지저분했습니다. 침대 시트와 커튼, 환자복은 때에 찌들어 꼬질꼬질했고, 좁은 침대에 여러 명의 환자가 다닥다닥 누워 있는 경우가 많았습니다. 이런 비위생적인 환경에서는 당연히 병균이 퍼지기 좋았겠지요. 하지만 감염의 원인을 몰랐기 때문에 왜 청결이 중요한지도 알지 못했습니다.

이러한 시대에 의료 현장에 '청결'이란 개념을 도입하고, '환자 주위 환경을 위생적으로 유지해야 한다'는 획기적인 발언을 한 인물이 있습니다. 바로 영국의 간호사 플로렌스 나이팅게일입니다.

나이팅게일은 환자를 병에서 건져 내려면 깨끗한 환경이 필요하다고 주장했습니다. 그가 지은 간호학 책, 《간호 노트》는 200년 가까이 지난 오늘날에노 간호힉 교제로 쓰이는 필독

플로렌스 나이팅게일

서입니다. 이 책에서 나이팅게일은 '환경 정비'의 중요성을 이처럼 거듭 강조합니다.

"간호란 신선한 공기, 빛, 온기, 청결, 조용한 분위기, 그리고 적절한 식단을 통해 환자의 생명력을 조금도 해치지 않으면서 돌보는 일입니다."

나이팅게일이 말한 것들은 요즘 의료 현장에서 환자가 당연히 누리는 것들이에요. 하지만 당시로서는 이런 생각 자체가 혁신이었습니다.

또한 나이팅게일은 환자 간호가 물 흐르듯 원활히 이어지도록 병원 구조를 재편성했습니다. 배관을 깔아 층마다 온수를 쓰기 용이하게 하고, 식사 배식이 효율적으로 이루어지도록 승강기를 설치하는 등 획기적인 아이디어를 차례차례 내놓았어요.

또한 환자를 효율적으로 간호할 수 있도록 병실마다 호출종을 설치해 필요할 때 환자가 간호사를 부를 수 있는 체계도 만들었습니다. 세계 최초의 '너스 콜(nurse call)'이었죠.

1854년에는 간호단을 이끌고 크림 전쟁에 참전해 야전 병원과 후송 병원의 간호 수준을 극적으로 끌어올렸습니다. 나이팅게일이 '크림반도의 천사'라는 별명을 얻은 건 이때부터입니다.

간호사, 통계학자 그리고 교육자

나이팅게일은 간호사로 유명하지만 사실 통계학자로도 엄청난 업적을 남겼습니다. 군대에서 위생적인 환경을 갖추는 게 얼마나 중요한지, 또 비위생적인 환경이 얼마나 많은 생명을 앗아 가는지 정부에 알리기 위해 통계 수치를 치밀하게 분석했죠.

직접 만든 다양한 그래프를 활용한 나이팅게일의 자료는 획기적일 뿐 아니라, 모두를 설득할 만했습니다. 이 덕분에 1859년, 나이팅게일은 여성 최초로 영국 왕립통계학회 회원에 선정되는 쾌거를 이루었습니다.

나이팅게일이 최초로 한 일은 더 있습니다. 바로 런던에 현대식 간호사 양성 학교를 최초로 연 것입니다. 오랫동안 하인처럼 취급받던 간호사를 전문 훈련을 거친 전문 직업인으로 자리매김하게 한 거예요. 나이팅게일의 위대한 업적 가운데 하나입니다.

《간호 노트》에서 나이팅게일은 후대까지 전해질 유명한 말을 남겼습니다.

"내가 그 자리에 있을 때 하는 일을, 내가 없을 때도 가능하도록 관리할 줄 모르면 간호의 결과는 허사가 되거나 도리어 역효과를 냅니다."

본인이 없을 때에도 같은 수준의 업무가 이루어지도록 정보를 관리하고, 조직의 기능을 정비하는 과정이 얼마나 중요한지 이야기한 것이죠. 오늘날 사회에도 "내가 없으면 우리 회사가 돌아가지를 않아!" 하고 입버릇처럼 말하는 대표들이 있습니다만, 어떤 한 사람에게 의존하는 조직은 약하고 비효율적일 수밖에 없습니다. 그런 조직에서 리더가 개선이 필요하다고 느끼기는커녕 우쭐해 한다면 크나큰 착각이지요. 나이팅게일의 가르침은 지금까지도 조직을 운영하는 사람에게 깨달음을 줍니다.

최초로
위암 수술에 성공한
외과의 거인

병든 부분만 도려낸다고 끝이 아니다

"위 재건법은 100년 전부터 있던 수술이에요."

제가 환자에게 위 수술에 대해 설명할 때 종종 하는 말입니다. 여기서 '재건'은 의학 용어인데, 음식물과 소화액, 혈액, 소변 같은 것들이 지나는 길을 일부 잘라 내고, 그 흐름이 다시 이어지도록 관을 연결해 주는 시술을 말합니다.

위암 수술을 할 때는 위를 절제한 뒤 연결해 주는 다양한 재건 방법이 있습니다. 대표적인 방법이 위쪽에 위치한 위를 아래쪽에 위치한 십이지장과 연결하는 빙식의 '빌로트 1'과

아래쪽의 소장과 연결하는 방식의 '빌로트 2'가 있습니다. 19세기에 활약한 외과계의 거인, 독일의 외과 의사 테오도르 빌로트의 이름을 따서 붙인 재건법이죠.

예전에는 병이 생긴 부위를 도려내는 치료가 가능하다고 보지 않았습니다. 그런데 19세기 후반, 빈대학교에서 외과 교수를 지낸 빌로트는 식도와 위, 후두, 난소 등 내장 질환을 치료하는 새로운 방식의 수술을 차례차례 도입합니다.

어떻게 빌로트는 누구도 해 본 적 없던 수술을 성공으로 이끌 수 있었을까요?

첫 번째 이유는 자신이 집도하는 수술을 철저하게 분석하고 연구해 성공과 실패 사례를 모조리 기록했다는 점입니다. 예를 들어 위를 잘라 낸 뒤 다시 연결하려면 지름이 넓은 위와 지름이 상대적으로 좁은 십이지장이나 소장을 이어야 합니다. 당연히 봉합한 부분은 원래의 장기보다 얇아질 수밖에 없죠.

그렇다면 어떤 방법으로 연결해야 안전할까요? 과연 이음매가 위액의 강한 산성을 견딜 수 있을까요? 위가 작아지면 몸에는 어떤 변화가 생길까요? 애초에 사람이 위의 일부를 떼어 내고도 정상적으로 살아갈 수 있을까요?

빌로트는 이런 의문을 동물 실험을 통해 하나하나 끈질기

게 검증했습니다. 그렇게 수
많은 시행착오를 겪은 끝에
그는 세계 최초로 위암 수술
을 성공시켜 전 세계를 놀라
게 했습니다.

테오도르 빌로트

하지만 그의 업적은 뛰어
난 수술 솜씨나 정교한 이론
만으로 이룬 게 아니었습니
다. 빌로트가 활동하던 19세
기는 소독과 마취라는 획기적인 기술이 등장한 시기였습니다.
기술이 혁신적으로 발달하면서 이전 시대와 비교할 수 없을
정도로 새로운 외과학의 세계가 활짝 열린 것입니다.

뱃속은 무균 공간

복강, 즉 뱃속의 공간은 엄밀히 말하면 세균이 없는 '무균'
상태입니다. 이 안에 세균이 침투하면 복막염이라는 무서운
병이 생기고, 환자의 상태는 급속도로 위중해집니다. 소독 개
념이 없던 시절에 뱃속 장기를 다루는 수술은 도저히 엄두를
낼 수 없었습니다. 그때 빌로트는 소독 개념을 일찍이 도입해

수술의 안전성을 크게 높였습니다.

한편, 전신 마취는 다소 뜻밖의 경로로 보급되었습니다. 18세기 말부터 19세기 무렵까지 이른바 '파티 약물'로 쓰이던 에테르 증기가 오늘날 전신 마취의 기원이거든요. 에테르를 들이마시면 머리가 몽롱해지는데, 이 느낌을 즐기기 위해 젊은이들이 '에테르 파티'를 열어 오락거리로 썼습니다.

에테르를 마신 상태에서는 다쳐도 통증을 느끼지 않습니다. 이 점에 주목한 건 바로 미국의 치과 의사들이었습니다. 고통 없이 치아를 뽑는 치료법을 실현하기 위해서였죠. 그중 한 사람이었던 윌리엄 모턴은 1846년에 최초로 에테르 증기를 사용한 전신 마취에 성공했습니다. 그는 유기 용매를 이용해 휘발성 마취제를 합성하고, 현대의 마취법 기초를 닦았습니다. 이후 더 안전한 마취제가 차례로 등장하며 세계 곳곳에서 널리 사용되기 시작했습니다.

환자가 마취로 잠든 사이 배를 가르고 열어서 병든 부위를 도려내고 다시 배를 꿰맨 후 환자를 깨웁니다. 그야말로 기적 같은 치료가 전신 마취 덕분에 가능해진 것이죠. 그리고 이 시기와 맞물려 빌로트의 기술과 지혜도 더욱 빛을 발하게 되었습니다.

참고로 빌로트는 음악에 도 조예가 깊어 피아노와 바이올린을 직접 연주하고, 집에서 음악회를 열기도 했습니다. 독일의 유명한 작곡가 요하네스 브람스는 빌로트와 둘도 없는 친구로, 음악을 매개로 깊은 우정을 나누었다고 해요. 브람스는 1873년에

윌리엄 모턴

현악 4중주 제1번과 제2번을 발표하면서 이 곡을 빌로트에게 헌정하기도 했습니다.

의료 현장에서
가장 유명한 도구

코허 겸자와 수술

미국의 발명가 새뮤얼 모스는 모르더라도 '모스 부호'라는 말은 많이 들어 봤을 거예요. 영국의 찰스 보이콧에 대해서는 몰라도, '보이콧'이라는 행동은 대체로 익숙할 테고요.

의료계에 종사하는 사람에게는 스위스의 외과 의사 에밀 테오도어 코허가 비슷한 존재입니다. 코허가 고안한 '코허 겸자'가 의료 현장에서 아주 자주 쓰이는 도구이기 때문이죠. 아마 그 이름을 들어 보지 못한 의료인은 아무도 없을 겁니다.

코허 겸자는 수술 중에 단단한 조직이나 실을 집을 때 요

긴하게 쓰이고, 병동에서도
튜브를 집을 때나 물건을 고
정할 때 자주 사용됩니다. 직
종을 가리지 않고 병원의 여
러 부서에서 널리 쓰는 중요
한 도구예요.

에밀 테오도어 코허

코허는 19세기부터 20세
기 초까지 활약한 외과 의사
입니다. 코흐가 이 독특한 겸자를 처음 고안한 건 지혈을 위
해서였어요. 수술을 하다 출혈이 생기면, 미리 준비해 둔 여러
개의 코허 겸자로 가느다란 혈관을 하나하나 집어서 지혈을
했죠. 지금처럼 전기 메스를 써서 혈관을 응고시키는 기계가
없던 때에 매우 유용한 도구였습니다.

코허는 섬세하고 용의주도하게 수술하기로 유명했습니다.
빠르고 과감한 수술이 특기였던 빌로트와는 대척점에 있는 의
사였죠. 코허의 솜씨는 특히 갑상샘(갑상선)을 적출하는 수술
에서 빛을 발했습니다.

갑상샘은 목 앞쪽에 있는 3~5센티미터 정도의 작고 섬세
한 장기입니다. 이곳에 종양이 생기면 갑상샘을 제거해야 할

때도 있었는데, 워낙 까다로워 의사에게는 골치 아픈 수술이었습니다. 갑상샘 주위에는 가느다란 혈관이 촘촘하게 있는 데다가 혈류도 풍부해 출혈을 조절하기 어려웠기 때문입니다.

1866년, 빌로트가 맡은 갑상샘 수술의 사망률은 무려 40퍼센트에 이르렀습니다. 반면 코허는 꼼꼼한 솜씨로 출혈을 최소한으로 줄여 1898년 보고에 따르면 사망률이 불과 0.2퍼센트에 머물렀다고 합니다. 코허가 평생 집도한 갑상샘 수술은 5000건을 가뿐히 뛰어넘습니다. 그 경험을 바탕으로 아주 안정적인 수술을 해냈지요.

코허 겸자

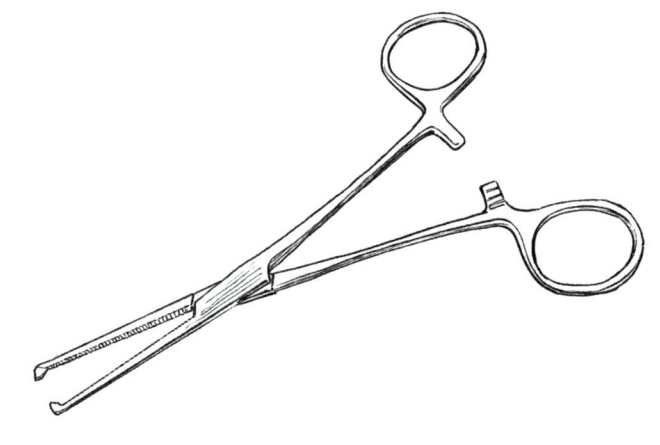

아이오딘과 갑상샘 호르몬

해외 마트를 가면 아이오딘(요오드)이 첨가물로 들어간 소금을 팔고는 합니다. 많은 나라에서 아이오딘을 결핍되기 쉬운 영양소로 여기기 때문인데요. 아예 아이오딘 첨가가 법적 의무로 정해진 나라도 많습니다.

그에 비해 일본처럼(한국도 마찬가지다. - 옮긴이) 아이오딘이 들어간 소금을 일반적으로 판매하지 않는 나라도 있습니다. 일본에서는 아이오딘을 식품 첨가물로 인정하지 않을뿐더러 일부러 챙겨 먹지도 않습니다.

나라마다 차이를 보이는 이유는 식문화가 달라서입니다. 다시마, 미역, 김을 먹는 나라에서는 따로 챙기지 않아도 이미 아이오딘을 충분히 섭취하고 있거든요. 그래서 해조류를 즐겨 먹는 나라 사람들은 아이오딘을 의식적으로 챙길 필요가 없습니다.

그렇다면 왜 아이오딘은 꼭 섭취해야 할까요? 그 이유는 갑상샘 호르몬의 주성분이 바로 아이오딘이기 때문입니다. 아이오딘을 충분히 먹지 않으면, 우리 몸에서 갑상샘 호르몬을 제대로 만들지 못해 갑상샘 기능이 떨어집니다.

특히 임신 중이거나 신생아 시기에 갑상샘 호르몬이 부족하면 문제가 생길 수 있습니다. 갑상샘 호르몬은 뇌가 자라는 데에 중요한 역할을 해서 아기의 지능에 영향을 끼칠 수 있거든요.

의외로 잘 알려지지 않은 갑상샘의 역할

갑상샘은 갑상샘 호르몬을 분비해서 우리 몸의 신진대사를 조절하는 기관입니다. 그런데 이 호르몬이 과하게 나오면 '그레이브스병(Graves' disease)'이 생겨요. 바제도병이라고도 부르는 이 병에 걸리면 몸의 신진대사가 지나치게 활발해져서 가슴이 두근거리거나, 숨이 차고, 손이 떨리거나 땀이 많이 나는 증상이 나타납니다.

반대로 갑상샘 호르몬이 너무 적게 나오면 '갑상샘 기능 저하증'이 생기는데, 이때는 신진대사가 떨어져 무기력해지고 피로하며, 몸이 붓고, 변비도 생길 수 있어요. 또한 눈꺼풀이나 손, 다리 등이 퉁퉁 붓는 '점액 부종'이라는 특이한 증상이 나타나기도 하죠.

신생아에게 나타나는 '선천성 갑상샘 기능 저하증(크레틴병)'은 온몸의 장기 발달이 뒤처지고, 지적 장애를 비롯한 다양한 증상을 일으킵니다. 하지만 일찍 발견해서 갑상샘 호르몬을 보충해 주면 증상이 나아질 수 있습니다. 그래서 신생아 검진에 갑상샘 기능 측정이 들어가 있죠.

19세기 후반까지만 해도 이러한 갑상샘의 역할이나 관련한 질환이 전혀 알려져 있지 않았습니다. 이 사실을 처음으로 밝힌 사람은 바로 코허였습니다.

코허는 갑상샘을 완전히 제거하는 수술을 받은 열한 살 여자아이가 수술 후 성격이 변하고 무기력해진 것을 보고 이상함을 느꼈습니다. 그 소녀에게는 쌍둥이 여동생이 있었는데, 1년 뒤 두 사람을 비교해 보니 수술을 받은 언니는 키가 훨씬 작고, 온몸이 부어 있었으며, 점액 부종 증상을 보였습니다.

쌍둥이 사례에 놀란 코허는 과거에 자신이 갑상샘 수술을 했던 환자를 모아 조사를 벌였습니다. 갑상샘을 제거한 것이 원인이라는 가설을 세우고 조사한 결과, 코허의 예상이 적중했습니다. 갑상샘 전체를 제거한 수술을 받은 사람들 모두 상태가 비슷했거든요.

후속 연구를 통해 양의 갑상샘에서 추출한 물질을 점액 부종 환자에게 투여하면 증상이 개선된다는 것을 알아냈고, 그 추출물에 아이오딘 성분이 들어 있다는 사실 또한 밝혀냈습니다. 스위스 같은 산악 국가에서는 아이오딘 섭취가 부족하기 쉬워 이전부터 크레틴병이나 점액 부종 환자가 많았습니다. 그런데 오랫동안 그 원인을 알지 못했죠. 코허의 연구를 토대로 이 질환의 원인이 갑상샘 전체를 잘라 낸 후유증과 같은 '갑상샘 호르몬 결핍'이었다는 사실이 드러났습니다.

원인을 밝힌 덕에 치료법도 마련되었습니다. 갑상샘 호르몬을 보충하면 되니까요. 의학에 큰 진보를 이룩한 코허는 1909년에 외과 의사로서는 처음으로 노벨 생리·의학상을 받았습니다.

인기 기호품이었던
위험한 약물

코카인과 콜라

남미 안데스산맥에서 나는 코카나무는 3000년 전부터 선주민에게 사랑받아 왔습니다. 코카나무 잎을 씹어 즙을 빨아먹으면 기분이 좋아졌거든요. 잉카 제국 사람들도 예전부터 코카나무 잎을 즐겨 씹었다고 알려져 있습니다.

19세기 후반, 독일에서 코카나무의 유효 성분이 최초로 추출되어 '코카인'이라는 이름이 붙었습니다. 코카인은 효과가 강력했습니다. 섭취하면 자신감이 생기고 활력이 넘치며 정신이 맑아졌죠. 그 덕분에 엄청난 인기를 끌었고, 코키인을 함유한 강장제와 음료가 줄줄이 출시되며 그 매력이 널리 퍼졌습니다.

프랑스의 화학자 안젤로 마리아니가 만든 코카인이 첨가된 와인, '마리아니 와인'은 유럽 전역에서 날개 돋친 듯 팔려 나갔고, 발명가 토머스 에디슨을 비롯한 유명 인사들도 즐겨 마셨다고 전해집니다.

그런가 하면 미국의 약사 존 펨버턴은 코카인을 넣은 새로운 음료를 개발해 특허를 받았습니다. 1868년에 출시된 이 음료는 아프리카가 원산지인 나무 열매, '콜라 너트'에서 추출한 카페인과 '코카인'을 함유했다고 해서 '코카콜라'라는 이름이 붙었고, 하루아침에 인기 상품이 되었습니다.

그런데 시간이 지나면서 코카인의 위험성이 밝혀졌습니다. 코카인은 중독성이 강하고, 과도하게 섭취하면 생명을 위협할 수 있었죠. 결국 1903년에 코카콜라라는 상품에서 코카인을 제거했고 1914년에는 미국에서 코카인이 불법 약물로 지정되었습니다.

이렇게 코카인은 한때 손쉽게 살 수 있던 기호품에서 소지와 사용이 금지되는 약물로 바뀌었습니다. 그런데 정신에 자극을 주는 작용 외에도 코카인에는 의료적으로 활용 가능한 효과가 있었습니다. 그것은 바로 국소 마취 작용이었습니다.

마리아니 와인

기적의 마취약 코카인

처음 추출되었을 무렵부터 코카인을 먹으면 혀가 마비되는 느낌이 들며 감각이 사라지고 맛을 느끼지 못한다는 점이 알려져 있었습니다. 1884년, 아직 20대였던 오스트리아의 안과 의사 카를 콜러는 이 코카인의 기묘한 작용에 관해 동료와 이야기를 나누다 문득 흥미로운 아이디어를 떠올렸습니다.

바로, 코카인을 눈 국소 마취에 사용할 수 있겠다는 생각이었습니다. 만약 이 방법이 통한다면 거의 불가능하다고 여겨졌던 '눈 수술'의 가능성이 열릴 수도 있었습니다.

콜러는 바로 실험을 시작했습니다. 코카인 수용액을 개구리의 눈에 떨어뜨리고 바늘로 찌른 것이죠. 결과는 기대대로였습니다. 개구리가 눈도 깜빡하지 않았던 거예요. 놀랍게도 눈 표면에 바늘을 찔러 상처를 냈는데도 얌전했습니다. 마치 통증을 느끼지 않는 듯했죠. 콜러는 토끼와 개에게도 같은 실험을 했고, 마침내 자기 눈에도 직접 시험해 그 효과를 확인했습니다.

코카인으로 통증이 사라진다니, 엄청난 발견이었습니다. 이 성과는 같은 해 독일 하이델베르크에서 열린 학회에 발표되었고, 국소 마취법을 세상에 알리는 첫걸음이 되었습니다.

그 이후 코카인 구조를 개량한 프로카인과 테트라케인 같은 국소 마취제가 차례로 탄생했습니다. 이 약물들은 신경 세포 표면에 작용해 통증 신호를 일시적으로 차단하는 작용을 했습니다.

한 의사의 목숨을 건 실험

코카인이 학계에 보고되며 알음알음 알려지자 일반적인

외과 치료에도 도입하려는 시도가 이어졌습니다. 미국 외과 의사였던 윌리엄 홀스테드가 실제로 코카인을 환자에게 사용해 보려 나섰습니다.

그는 의대생들과 함께 코카인을 사용한 실험을 진행하면서 다양한 지식을 얻었습니다. 예를 들어 턱 안을 지나는 신경에 코카인을 주사하면 치아와 잇몸 전체가 마취되어 구강 내 수술에 매우 쓸모 있었습니다. 이후 이 방법은 '신경 차단'이라는 중요한 국소 마취법으로 발전합니다.

홀스테드의 획기적인 여러 실험은 서로가 실험 대상이 되며 이루어졌습니다. 당시에는 코카인의 위험성이 알려지지 않았기에 가능한 일이었습니다. 그러나 이 실험들은 홀스테드의 건강을 좀먹었습니다. 말년에 그는 약물 중독에 시달렸고, 두 차례나 정신 병원에 입원했습니다.

오늘날 우리는 국소 마취의 존재를 당연하게 받아들입니다. 소량의 약물을 주사하기만 해도 사람은 일정 시간 통증을 전혀 느끼지 않고 수술을 받을 수 있어요. 이를 뽑는 치료도, 피부를 메스로 절개하고 종양을 제거하는 수술도, 통증 없이 이루어집니다. 그야말로 기적의 약이라고 할 수 있는 코카인의 뒷배경에는 외과 의사의 목숨을 건 투쟁이 있었습니다.

미국을 대표하는 의사 홀스테드

미국 볼티모어에 있는 존스홉킨스대학교는 자산가인 존스홉킨스의 막대한 유산으로 설립된 명문 대학입니다. 그는 유언으로 자신의 유산 절반을 병원 건립에 써 달라고 했죠.

홉킨스는 의대와 병원이 서로 긴밀히 연계되어 높은 수준으로 치료와 교육, 연구하는 기관이 되어야 한다고 주장했습니다. 그의 뜻대로 존스홉킨스대학교는 지금도 세계적으로 손꼽히는 의대와 부속 병원을 거느리고 있으며, 높은 수준의 의사 교육 제도와 의학 연구는 미국뿐 아니라 전 세계에 큰 영향력을 발휘하고 있습니다.

윌리엄 홀스테드

1876년, 존스홉킨스대학교가 설립되면서 후대에 '빅 4(Big 4)'로 불리는 유명 교수진이 초빙되었습니다. 내과 의사 윌리엄 오슬러, 산부인과 의사 하워드 켈리, 병리학자 윌리엄 헨리 웰치 그리고 앞서 소개한 외과 의사 홀스테드입니다.

19세기 후반, 의학을 선도
하는 국가는 아직 독일이었습
니다. 당시 미국 의대생은 대
부분 독일로 유학을 갔고, 그
곳에서 최신 의학 지식을 배
워 왔습니다. 홀스테드도 독
일에서 유학하고 빌로트 같은
유명 외과 의사에게 수술법을

하비 쿠싱

익혔습니다. 교육에 열정을 쏟았던 홀스테드는 훗날 본인의
유학 경험을 살려 많은 후진을 양성해 미국 외과학을 발전시
켰어요.

홀스테드 아래에서 배운 의사 가운데서도 하비 쿠싱은 뇌
신경 외과 발전에 이바지한 선구자입니다. 뇌하수체에 생기는
종양의 원인으로 호르몬이 과도하게 분비되는 '쿠싱 증후군'
을 최초로 학계에 보고해서 '근대 뇌외과의 아버지'로 추대되
었죠.

홀스테드의 수술은 예술처럼 아름다워 장인의 경지에 도
달했습니다. 당시에는 수술 속도를 가장 중시해서 감염 예방
과 출혈에 상대적으로 무관심한 의사가 많았는데, 홀스테드의

수술은 안전하면서 꼼꼼했고 수술 후 환자들의 회복도 월등히 좋았거든요.

'탈장'을 예전에는 '샅고랑 헤르니아'라고도 불렀습니다. 다리와 다리 사이 샅고랑(서혜부) 근육 사이로 장이 비어져 나오며 몸 표면이 부풀어 올라, 통증과 불쾌감을 동반하는 질환이기 때문입니다. 홀스테드가 살던 당시에는 수술을 해도 재발률이 매우 높았고, 수술 후에 사망하는 환자도 적지 않았어요. 홀스테드는 현미경을 활용해 서혜부의 복잡한 구조를 연구했고, 새로운 수술법을 개발해 재발률을 빠르게 줄여 나갔습니다.

한편, 홀스테드는 유방암 수술에도 힘을 쏟았습니다. 당시 일단 유방암에 걸리면 수술을 받더라도 50퍼센트 가까운 환자에게 국소적 재발이 생겼고, 결국 사망에 이르렀습니다. 홀스테드는 유방뿐 아니라 유방 뒤에 있는 흉근과 겨드랑이에 있는 림프절까지 넓은 범위로 절제하는 시술을 고안해 국소 재발률을 60퍼센트까지 줄이는 쾌거를 이루었어요.

홀스테드가 고안한 유방암 수술은 '홀스테드 수술'이라 부르게 되었고, 오랫동안 표준 유방암 치료로 활용되었습니다. 수술받으면 '암이 낫는다'는 사실을 많은 유방암 환자에게 희망을 주었죠.

그러나 1960년대 이후 환자의 삶의 질을 크게 떨어뜨리는 이 시술은 서서히 사라졌습니다. 외과 수술과 함께 항암제와 방사선 치료, 호르몬 요법을 병행하면 유방을 가능한 한 보존하면서도 효과적인 치료가 가능하다는 사실을 알게 된 덕분입니다.

수술용 장갑이라는 위대한 발명

지금은 상상도 못할 일이지만, 예전에는 의사들이 아무렇지 않게 맨손으로 수술을 했습니다. 의사의 손은 늘 피와 체액으로 지저분하게 얼룩져 있었죠. 손에 묻은 세균이 감염병의 원인이 된다는 사실을 전혀 몰랐던 점을 고려하면 그럴 수 있겠다 싶습니다.

리스터가 소독이라는 개념을 의학계에 내놓은 이후, 손 소독이 서서히 보급되었지만 한 가지 문제가 새롭게 떠올랐습니다. 의사들의 손이 나날이 거칠어졌다는 거였죠. 자극이 강한 약품을 손에 덕지덕지 바르다 보니 피부염을 달고 사는 의사와 간호사가 수두룩했습니다. 피부염은 의료진의 고질병이 되어 버렸죠.

존스홉킨스병원의 수술방 간호사였던 캐롤라인 햄프턴도 손에 피부염이 심해 고생을 했습니다. 유능한 간호사를 잃을 수 없었던 홀스테드는 고무로 자동차 타이어를 만들던 굿이어라는 회사에 수술용 장갑을 만들어 달라고 의뢰했습니다.

　　그런데 이 장갑이 기막힌 발명품이 되었습니다. 피부염을 예방할 뿐 아니라, 무균 장갑을 사용하면 수술 후에 감염병 예방에도 효과가 있다는 사실이 드러났거든요. 무균 장갑은 순식간에 보급되었고, 이제는 수술 중 착용하는 게 당연해졌습니다.

수술용 장갑

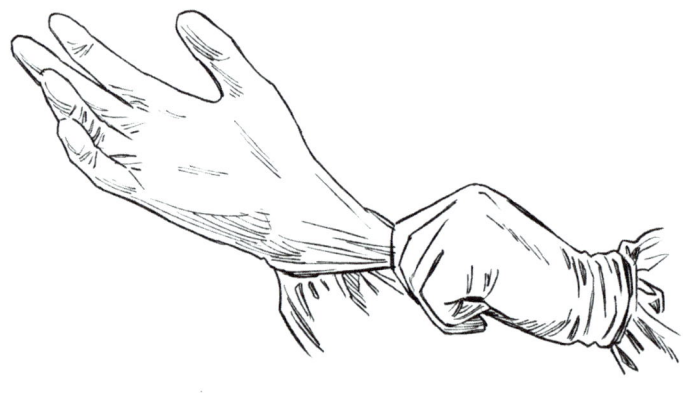

그러나 당시 햄프턴은 홀스테드가 고안한 장갑을 낄 기회가 거의 없었다고 합니다. 1890년에 홀스테드와 결혼한 후 간호사 일을 그만두었기 때문입니다. 의학 역사에 남은 위대한 발명은 다름 아닌 한 외과 의사의 사랑에서 탄생했습니다.

제4장

대단한 수술

천재의 역할은 새로운 답을 내놓는 일이 아니라,
평범한 사람이 시간을 들여 풀 수 있는
새로운 질문을 상상하는 것이다.

휴 트레버 로퍼 (역사가)

메스의 변신과 발전

"여기, 메스."

제가 의과 대학 학부생이던 시절, 처음으로 수술실 참관 수업에 들어갔던 날이었습니다. 그때 저는 외과 선생님이 수술을 집도하며 "메스!"라고 말하지 않는 데에 놀랐었죠. 의학 드라마에는 근엄한 표정의 의사가 "메스!"라고 까칠하게 말하고, 간호사가 건네는 메스를 낚아채 듯 받아서 수술을 시작하는 장면이 으레 나오니까요.

"그럼, 시작하겠습니다. 메스 주세요."

그런데 실제 의사 입에서는 공손한 손댓말이 나왔습니다.

메스로 피부를 가른 후에는 더 놀라운 일이 벌어졌죠.

"여기, 다 쓴 메스 좀 받아 주세요."

이번에도 정중한 존댓말로 간호사에게 메스를 돌려준 겁니다. 드라마 속 세상과 비교하면 긴장감이 떨어져서 시시하게 느껴지기도 했어요.

물론 꼭 존댓말을 써야 하는 건 아니고, 의사마다 말투는 다릅니다. 하지만 수술실에 들어가는 의료진은 누구나 '메스를 주고받을 때는 정중하게'라고 교육받습니다.

메스는 아주 날카로워서 피부에 살짝 닿기만 해도 쉽게 베일 수 있습니다. 메스 날이 의사와 간호사 손에 잘못 닿으면 베인다는 감각을 느낄 새도 없이 상처가 나죠. 만약 메스를 떨어뜨려서 누군가의 발등을 찌른다면 대형 사고로 번집니다. 다칠 뿐 아니라 환자의 혈액이 묻은 메스라면 감염 위험도 있거든요. 그래서 메스를 주고받을 때는 반드시 서로 시선을 마주치며 확인하는 과정을 거칩니다. 또 메스를 건넬 때는 "메스 여기 있습니다.", 받을 때는 "메스 받아 주세요."라는 식으로 소리 내어 동작을 말하는 게 이상적이에요. 드라마에서 보듯 손짓으로 메스를 주고받는 모습은 실제로는 위험하기 짝이 없는 행동입니다.

그렇다면 메스를 전해 받은 의사는 그 뒤 어떻게 몸을 가르고 열까요? 일반적인 복부 수술을 예로 들어 그 과정을 차근히 살펴보겠습니다.

배를 갈라서 열기까지 보이는 것

메스로 살을 가를 때에는 원칙이 있습니다. 바로 피부 표면의 표피와 진피라는 얇은 층까지만 칼을 대는 것입니다. 메스를 깊숙이 찔러서 단숨에 자르면 모세 혈관이 상해서 피가 나고, 지혈하는 데 시간이 걸립니다. 그래서 메스로 표피를 가른 다음에 전기 메스라는 기구를 사용해 깊은 층까지 갈라서 여는 게 일반적입니다.

전기 메스는 이름에 '메스'가 들어가지만, 우리가 아는 날카로운 칼 모양은 아닙니다. 끝이 금속으로 만든 막대처럼 생겼고, 전기를 이용해 조직을 지지면서 자르는 펜 모양의 수술 기구입니다. 손잡이에 있는 버튼을 누르면 전기가 통하고 떼면 통하지 않습니다. 자르고자 하는 부위에 전기 메스 끝을 대고, 버튼을 누르기만 하면 손쉽게 절개할 수 있습니다.

전기 메스는 자르는 동시에 열로 단백질을 응고시켜 지혈도 할 수 있습니다. 그래서 가느다란 모세 혈관을 가로로 잘라도 피가 나지 않고, 수술을 깔끔하게 진행할 수 있어요. 일반 메스나 가위보다 편리한 점이죠. 고온으로 단백질이 응고하는 모습은 달걀프라이나 삶은 달걀을 만들 때 흰자가 굳는 과정을 상상하면 이해하기 쉬울 겁니다.

전기 메스는 피부를 자를 때뿐 아니라, 몸속을 열고 나서도 여러 번 사용됩니다. 기존의 메스와 비교하면 훨씬 용도가 다양한 수술 도구이죠. 전기 메스를 사용하는 수술에서는 환자의 몸에 '대극판(bovie plate)'이라는 시트를 붙여야 합니다. 전기 메스 끝에서 흐르는 고주파 전류가 이 시트로 회수되도록 회로를 만들기 위함입니다. 보통 이 시트는 전신 마취 환자

전기 메스

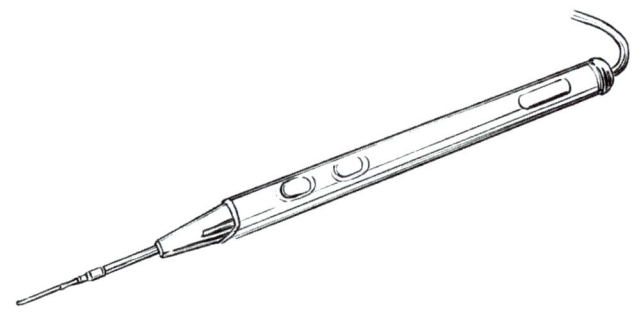

가 잠든 뒤 넓적다리에 붙였다가 깨기 전에 떼어 냅니다. 그래서 전신 마취 수술을 받아 본 사람도 자신의 몸에 이런 시트가 붙었었다는 건 거의 모를 거예요.

전기 메스의 별명은 '보비'

수술실에서는 전기 메스를 '보비(bovie)'라고 부르는 의사가 많습니다. 이 애칭은 1920년대에 최초로 전기 메스를 개발한 매사추세츠공과대학교(MIT)의 물리학자인 윌리엄 보비에게서 따왔습니다. 앞서 소개한 코허와 마찬가지로 기구 이름을 개발한 사람 이름에서 따왔죠.(의료 현장에서 코허 겸자도 그냥 '코허'라고 부르기도 합니다.)

윌리엄 홀스테드의 제자이자 외과 의사였던 하비 쿠싱도 보비와 함께 전기 메스 개발에 참여했습니다. 당시 쿠싱은 하버드대학교 부속 병원인 피터벤트브리검병원에서 근무했습니다. MIT와는 엎어지면 코 닿을 정도로 가까운 거리였죠.

뇌종양 수술에서는 출혈 조절이 큰 과제였습니다. 종양 주위의 미세한 혈관에서 출혈이 일어나면, 실로 혈관을 묶거나 꿰매기만 해서는 지혈이 어려웠습니다. 출혈량이 너무 많으면 환자가 위중한 상태에 이르기도 했고요. 그래서 쿠싱은 전기 장치를 활용해 피를 응고시키는 법을 연구하고 시도했습니다.

1926년, 전기 메스를 사용한 최초의 뇌종양 수술에는 개발자인 보비도 참여해 발전기를 조정하는 등 쿠싱을 보조했습니다. 이 수술이 성공하고 논문에 실리며 전기 메스가 세계적으로 보급되는 계기가 되었습니다. 쿠싱은 또 한 가지 중요한 발명품을 남겼는데, 바로 지혈용 클립입니다. 작은 클립으로 미세한 혈관을 차례차례 집어서 지혈할 수 있는 데다가, 몸속에 남겨 놓을 수도 있었죠.

이렇게 쿠싱은 다양한 연구와 발명으로 당시 90퍼센트에 이르렀던 뇌외과 수술 사망률을 10퍼센트 미만까지 극적으로 끌어 내렸습니다. 덕분에 안전한 뇌외과 수술이 확립되었죠. '근대 뇌외과의 아버지'라 불리는 데는 그만한 이유가 있어요.

모노폴라와 바이폴라

전기 메스를 '모노폴라(monopolar)'라고 부르는 의사도 있습니다. '모노'는 하나라는 뜻이고, '폴라'는 전극을 말합니다. 모노폴라는 하나의 전극을 지닌 기구라는 뜻이죠.

모노가 있다면, 바이도 있기 마련입니다. 영어로 자전거를 뜻하는 바이시클, 두 개 이상의 언어를 구사하는 이중 언어 사용자인 바이링구얼에 들어가는 '바이'는 두 개라는 뜻입니다. '바이폴라(bipolar)'는 핀셋 끝에 전극이 있는 기구로, 두 개의 전극 사이에 전류가 흐릅니다. 그래서 이 기구로 혈관을 집으면 지혈할 수 있죠. 절개하는 데 쓸 수는 없지만, 지혈하는 데에는 아주 효과적입니다.

최근에는 초음파를 활용한 수술 기구도 많이 쓰여요. '하모닉'이라는 이름의 기구는 1초 동안 5만 번 동안 진동하여 마찰열로 단백질을 응고시켜 절개합니다. 전기 메스와 달리 조직에 전류가 흐르지 않아요. 기구로 집은 조직이 고온이 되며 단백질이 응고되어 바로 지혈되는 원리입니다. 요즘에는 다양한

바이폴라

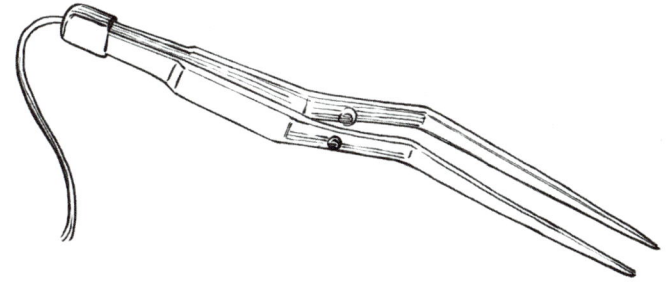

브랜드에서 초음파 유도 절개 및 지혈 장치를 개발해 의사가 개인의 취향과 수술 종류에 따라 적절한 기구를 골라 씁니다.

"이 암은 절제할 수 있을까요?", "유명한 전문의 선생님이 절제해 주셨습니다." 의사끼리는 종종 이런 표현을 씁니다. '수술을 집도한다'는 말 대신에 '자른다'고 표현하기도 하고요. 실제로 많은 수술은 자르는 작업의 반복입니다.

단순히 자르는 행위만 놓고 봐도 메스와 가위 같은 금속제 날붙이부터 전기 메스와 초음파 절개 장치 같은 전기 장치까지 의료 기구는 빠르게 발전해 왔습니다. 오늘도 '자르는' 기구는 하루가 다르게 진화 중입니다.

하모닉

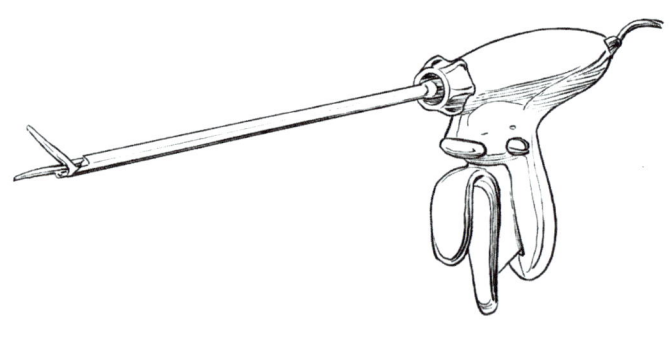

장을 자르고 꿰매는 기구

몸에 쓰는 스테이플러

"옛날에는 의사가 장을 실과 바늘로 한 땀 한 땀 꿰맸는데, 요즘은 기계로 드르륵 박으면 끝이에요."

제가 수술 전에 하는 설명인데, 이 말을 들으면 환자들은 대부분 놀라며 그렇게 편리한 기계가 있냐고 감탄합니다. 외과 의사라고 하면 수술 부위를 손수 꿰매는 모습을 떠올리는 분도 많으니까요.

하지만 생각해 보세요. 의학뿐 아니라 다른 분야에서도 손으로 하던 많은 작업을 기계가 대신하게 되었습니다. 우리 주변만 봐도 그렇습니다. 세탁기, 식기세척기, 청소기… 집안일을 도와주는 기계는 차고 넘칩니다. 꿰매는 일도 대체로 재봉틀 같은 기계를 쓰고요.

우리 몸의 장을 꿰매는 데 쓰는 기계는 '외과용 봉합기'라고 부릅니다. 이 기계를 쓰면 장을 자르는 동시에 꿰맬 수 있어요. 재봉에서 천 가장자리를 자르면서 올이 풀리지 않도록 오버로크 처리를 하는 것과 같은 원리입니다.(제가 오버로크에 자주 비유하는데, 바느질 경험이 없는 분들은 이해하기 어려워하더군요.)

예를 들어 볼게요. 대장암 수술을 할 때는 암이 있는 부위의 위아래 대장을 잘라 내야 합니다. 그런데 아무런 준비 없이 대장을 자르면 안에 있는 대변이 새어 나올 수 있어요. 그때 이 외과용 봉합기를 사용하면 자른 자리가 자동으로 매끈하게 기워집니다. 잘라 낼 선에 맞춰서 외과용 봉합기를 작동시키면, '오버로크 처리를 한 것처럼' 장을 자르면서 동시에 꿰맬 수 있습니다.

또한 외과용 봉합기는 재봉틀처럼 실을 쓰지 않고 스테이플러처럼 금속으로 만든 작은 침을 여러 개 박아서 장을 이어 붙입니다. 그래서 이 기계를 '스테이플러'라고 부르기도 해요. 종이를 철하는 사무용 스테이플러와 원리가 같기 때문입니다.

사무용 스테이플러와의 차이점은 외과용 봉합기가 훨씬 미세하고 정교하게 작동한다는 점입니다. 이 금속 침은 몸속에 평생 남아 있어도 괜찮습니다. 예전에 장 봉합 시술을 받은 환자의 몸을 다시 열어 보면, 외과용 봉합기를 쓴 자리에 살이 봉긋하게 차올라 침을 덮어서 인체에 잘 어우러진 모습을 볼 수 있습니다.

외과용 봉합기의 구조

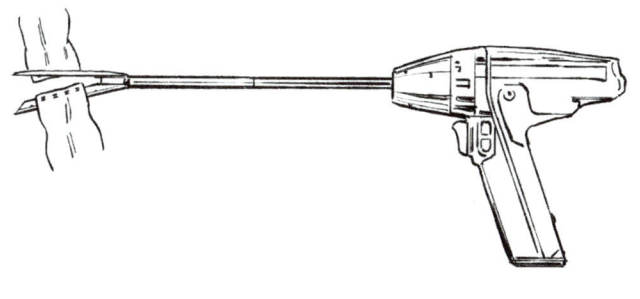

외과용 봉합기의 놀라운 성능

자, 이제 암을 제거하고 남은 장을 다시 이어야 할 차례입니다. 다양한 방법을 동원하는데, 이때도 외과용 봉합기를 써서 기울 수 있습니다.

장을 연결할 자리에 작은 구멍을 뚫고, 외과용 봉합기의 위아래 칼날을 그 구멍에 넣어 기계를 작동하는 거예요. 그러면 양쪽 장의 가장자리가 연결됩니다. 뚫었던 구멍도 마지막에 다시 한번 외과용 봉합기로 처리해 마무리할 수 있습니다. 장과 장을 이어 붙이는 수술은 '끝끝 연결술'이라 부르는데, 외과용 봉합기를 주로 사용합니다. 이 방법은 위와 소장, 대장 등 다양한 장기에 폭넓게 적용됩니다.

외과용 봉합기를 사용하면 인간의 손으로는 절대 불가능한 속도와 정밀함으로 장을 꿰맬 수 있습니다. 여기서 소개한 건 '리니어 스테이플러(linear stapler)'라는 직선형 봉합기인데, '서큘러 스테이플러(circular stapler)'를 비롯한 다양한 유형의 봉합기가 있어요. 의료 기기 회사들이 사활을 걸고 새로운 외과용 봉합기를 개발해 내놓아 수술 안전성이 높아지고 있죠.

이 기계의 장점은 편리성에 그치지 않습니다. 기계를 사용하면서 수술의 질이 일정하게 유지되었거든요. 덕분에 전국 어디서든 비슷한 수준의 수술을 받게 되었습니다. '신의 손을 가진 명의'에게 소수의 환자만 좋은 수술을 받는 게 아니라, 많은 환자가 안전하고 정교한 수술을 받는 세상이 온 거예요.

봉합기의 역사

그렇다면 이 외과용 봉합기를 처음 쓴 사람은 누구일까요? 지금 쓰는 외과용 봉합기의 원형은 1920년에 헝가리 출신의 외과 의사 휘메르 휠틀이 만들었습니다. 손바느질이 아닌 기계로 수술 부위를 봉합하는 방식은 20세기에 들어서야 등장했습니다. 휠틀은 1908년에 위를 자를 때 단면을 기워서 마감 처리하는 봉합기를 최초로 개발했습니다. 그런데 이 기계는 조립하는 데 두 시간이나 걸리는 데다가 무게가 3.4킬로그램이나 나가는 무거운 장비였습니다. 실용화하기에는 어려움이 있었죠.

시행착오를 거친 끝에 탄생한 휠틀의 봉합기는 오늘날의 기계와 마찬가지로 자르기와 꿰매기를 동시에 진행할 수 있었습니다. 무게도 1.8킬로그램으로 절반 정도 줄여 새 수술 기구를 보급하는 계기를 마련했어요.

그 후 약 100년이라는 세월 동안 봉합기는 개량을 거듭했습니다. 예전에는 수동으로 손잡이를 몇 바퀴나 돌려야 작동했지만, 최근에는 충전해서 쓰는 전동 제품이 대부분입니다. 또 개발 초기에는 금속으로 만들어 여러 번 쓰도록 만들었지만, 요새는 거의 일회용으로 씁니다. 환자마다 새 제품을 꺼내

쓰고 사용 후에는 폐기하죠.

앞서 소개한 전기 메스와 초음파 유도 절개 및 지혈 장치도 마찬가지로 대체로 일회용입니다. 일회용 기구는 가벼운 재료로 만들어 구조가 복잡해도 제작이 수월합니다. 또 환자마다 새 제품을 사용해 혈액이나 체액을 통한 감염 위험도 줄어요. 안전성과 편리성이 보장되는 덕에 일회용 기기가 더 늘어나는 추세입니다.

봉합 부전이라는 합병증

칼에 베어서 손가락을 꿰매면 보통 일주일쯤 지나 실밥을 제거합니다. 처음에는 실에 의지해 붙어 있던 상처가, 시간이 지나면 아물어 실이 없어도 붙는 것이죠.

당연하게 받아들이는 사실이지만, 알고 보면 경이로운 능력입니다. 나사로 나무를 고정하거나 스테이플러로 종이를 철한다고 생각해 보세요. 일주일 후 나사나 스테이플러 침을 빼면 당연히 분리되겠죠. 그런데 우리 인간의 몸은 상처 부위를 잇대어 주기만 해도 자연스럽게 조직이 재생하고 본래 모습으로 회복합니다. 물론, 이런 자연 치유 능력이 떨어지는 사람도 적지 않습니다. 당뇨병을 앓거나 스테로이드를 복용하는 사람은 상처가 잘 아물지 않거든요. 그래서 건강한 사람이라면 며칠이면 나을 상처가 몇 주 동안 가기도 합니다. 때로는 상처를 꿰매고 2주 뒤에 실밥을 제거했더니 상처가 다시 쩍 벌어지는… 그런 무서운 경우도 있습니다. 이 모습을 직접 목격하면 '상처를 치료하는 건 의사가 아니라 인체구나' 하는 사실을 뼈저리게 깨닫게 됩니다.

결국 상처를 낫게 하는 건 환자의 몸입니다. 의사가 할 수 있는 일은 잘 아물도록 상처의 가장자리를 정성껏 맞추는 정도입니다. 장을 봉합할 때도 마찬가지입니다. 장은 예민한 조직이라, 아주 섬세하게 봉합해도 작은 틈이 생길 수밖에 없습니다. 그 틈은 환자의 몸이 자력으로 조직을 재생시켜 메워야 해요. 치유력이 떨어지는 사람은 이 이음매가 벌어져 며칠 뒤 '장 누수'가 생길 수 있습니다. 장 내용물이 밖으로 새어 나오는 거죠. 이를 '봉합 부전'이라 부릅니다.

수술실에서 한 땀도 빼먹지 않고 촘촘하게 꿰맸더라도, 일주일 뒤에 봉합 부전이 생겨 장이 벌어지는 안타까운 경우가 있습니다. 봉합 부전은 환자 본인의 치유력뿐 아니라 이어 붙인 부위가 얼마나 튼튼한지, 혈류가 얼마나 풍부한지에 따라 발생 위험이 다릅니다. 일단 봉합 부전이 일어나면 장 내용물이 복강으로 퍼져서 중증 복막염이 생깁니다. 생명을 앗아 갈 수도 있는 위험한 합병증이죠.

빌로트가 세계 최초로 위암 수술에 성공한 게 1880년대인데, 1894년 기준으로 위 절제 수술 후 사망률은 무려 54퍼센트에 달했습니다. 주요 사인은 봉합 부전이었죠. 이 비율은 봉합기를 비롯한 기술의 발전으로 서서히 줄었어요. 2000년대 후반 자료에 따르면 위 절제 후 봉합 부전 비율은 5퍼센트 아래로 줄어들었습니다.

직장은 골반 깊숙한 곳에 자리한 장기라 소화관 수술 가운데서도 봉합 부전이 잘 일어납니다. 기술이 발전한 최근에도 10퍼센트 전후의 비율로 일어나는 걸 보면 아무리 기계가 발전하고, 의사가 실력을 갈고닦아도 봉합 성공률을 100퍼센트로 만들기는 어려운 모양입니다.

수술실 필수품, 거즈의 중요성

왜 거즈를 깜빡하는 사고가 발생할까?

수술 후 거즈를 깜빡 잊은 채로 봉합했다는 사고가 뉴스에 종종 보도됩니다. 일본 의료기능평가기구의 조사에 따르면, 2012년부터 2017년 사이에 매년 20건이 넘는 거즈 분실 사고가 보고되었다고 해요.

이런 뉴스를 들으면 "수술실에 들어가는 의사나 간호사가 일을 너무 대충대충 하는 거 아니냐!"며 분통을 터트리는 사람이 많습니다. "꼼꼼하게 확인하면 거즈나 수술 도구를 깜빡하고 환자 배를 닫을 리가 없는데, 한두 번도 아니고 왜 이렇게 자꾸 사고가 생기지?"라며 안타까울 수 있겠죠. 왜 이렇게 수술실에서 깜빡하는 사고가 자주 발생하는지 싶고요.

분명 거즈나 수술 도구를 깜빡한 채로 봉합하는 사고는 중대한 문제입니다. 그런데 사실 거즈는 아무리 조심해도 몸속에 남기기 쉬운 도구이기도 합니다.

일단 수술 중에는 엄청나게 많은 양의 거즈가 사용됩니다. 수술 시간이 길어질수록 사용하는 양도 늘어나고, 몇십 장을 연이어 몸속에 넣기도 합니다. 거즈는 물이나 혈액에 젖으면 작게 뭉치고 장기와 내장 지방으로 가득 찬 몸에서 눈에 잘 띄지 않습니다. 몸속에 숨은 거즈를 찾는 작업은 나무가 울창한 숲속에서 숨바꼭질을 하는 것과 비슷해요. 철저한 방지 대책을 세우고 지키지 않으면 '거즈를 깜빡하고 봉합하는 사고'는 언제든 일어날 수 있습니다.

이런 사고를 막기 위해 수술 중에는 거즈를 몇 장 사용했고, 그중 몇 장이 몸에 들어가 있는지 세는 '거즈 카운트'라는 작업이 이루어집니다. 이 업무는 수술실 간호사가 맡아요.

"3장이 들어갔고, 2장을 꺼냈고, 1장이 들어갔고, 출혈이 많아서 4장을 한 번 더 넣고, 거즈가 피에 뭉쳐서 덩어리진 채로 꺼냈고, 준비한 거즈를 다 사용해서 10장 추가, 거즈 1장이

바닥에 떨어졌습니다."

수술 중에 이런 식의 보고가 몇 시간씩 이어집니다. 이 복잡한 과정을 수술실 간호사들은 실시간으로 파악하고 꼼꼼하게 기록합니다. 두뇌를 총동원해 필요한 기구를 건네고, 환자의 전신 상태를 관리하고, 정신없이 돌아가는 상황에 대응하면서 짬짬이 거즈 수량까지 모조리 확인하는 것이죠.

"1장 뺍니다."

"2장 들어갑니다."

의사와 간호사는 이런 대화를 주고받으며 거즈 현황을 기록합니다.

최근에는 '거즈 세기' 전용 트레이 같은 상품이 나와서 수술실에서 자주 사용됩니다. 혈액과 체액으로 범벅이 된 다 쓴 거즈는 양이 어마어마해서 일일이 세기가 무척 어렵거든요.

다 쓴 티슈 몇십 장을 떡처럼 뭉친 상태로 건네주고, 몇 장인지 세라고 하면 얼마나 막막할지 상상해 보세요. 눈에 힘을 주고 손끝 감각에 의존해 꼼꼼히 세지 않으면 뭉친 두 장을 한 장이라고 잘못 셀 수도 있겠죠. 수술 중 거즈 사고도 바로 이런 식으로 일어납니다. 잘못 세지 않도록 하나하나 조심스럽게 펼쳐서 주의하며 관리해야 뒤탈이 없습니다.

거즈 카운트 기구

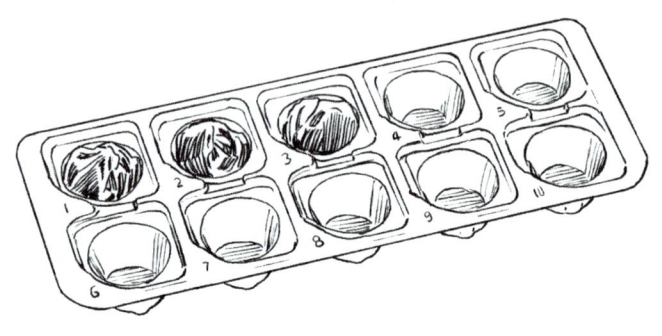

거즈를 사용하는 목적

수술에서는 멸균 처리된 전용 거즈를 사용합니다. 그 용도는 아주 다양해요.

예를 들어 혈액을 흡수시켜 제거하는 일은 거즈의 중요한 역할 가운데 하나입니다. 우리 몸은 구석구석 혈관이 뻗어 있습니다. 손가락 끄트머리를 살짝만 베어도 피가 나는 건, 눈에 보이지 않을 정도로 가느다란 모세 혈관이 손끝까지 뻗어 있기 때문입니다.

수술 중에는 자잘한 출혈이 반드시 생기기 마련인데, 그때마다 피를 닦아 내지 않으면 수술 부위가 잘 보이지 않습니다.

의사가 수시로 거즈를 사용해서 혈액을 닦아 내고, 맑은 시야를 유지해야 수술을 안전하게 이어 갈 수 있죠.

거즈로 제거하는 건 혈액만이 아닙니다. 우리 몸에는 이런저런 체액이 흐르고 있어요. 림프액, 위액, 장액, 이자액, 쓸개즙, 소변 등 수술하는 장기에 따라 수술이 이루어지는 부위에 흐르는 체액은 모두 다릅니다. 이러한 체액을 한꺼번에 닦아 내는 것도 거즈의 몫입니다.

또한 장기를 막는 '제방'처럼 거즈를 쓰기도 합니다. 누룸한 거즈를 몇 장 뭉쳐서 몸속에 넣어, 밀어 둔 장기가 수술 부위에 걸리적거리지 않도록 공간을 확보하는 용도로 많이 사용하죠. 이처럼 거즈 없이는 수술을 할 수 없습니다.

수술 막바지에는 거즈 개수가 정확한지를 확인합니다. 만약 이 단계에서 개수가 일치하지 않으면 몸속에 남은 거즈를 찾기 위한 수색 작전이 시작됩니다.

숨바꼭질을 벌이는 도구는 거즈만이 아닙니다. 핀셋 같은 금속 기구도 장기나 내장 지방 사이에 묻혀 보이지 않을 때가 있습니다. 그래서 거즈 카운트뿐 아니라 기구 카운트도 빼먹어선 안 됩니다. 수술을 시작하기 전 헤아린 기구 개수와 반납된 개수가 정확히 일치하는지 하나하나 확인하죠.

이 과정에서 카운트 실수가 발생하면, 거즈나 기구를 깜빡한 채로 봉합하는 사고가 생깁니다. 특히 출혈이 심해 상황이 급박할 때는 수십 장의 거즈를 순식간에 쓰기 일쑤라 카운트 실수가 일어날 확률이 높아집니다.

그래서 최근에는 엑스레이를 찍었을 때 보이는 거즈를 사용해 수술 마지막에 검사를 합니다. 금속이 들어 있는 거즈를 사용하고는 수술이 끝나면 이동식 엑스레이 장비로 혹시 남은 거즈는 없는지 살펴보는 것이죠. 물론 이런 장비까지 동원해도 뼈 같은 구조물에 가려 거즈를 놓치는 경우가 있어 사고를 완벽하게 막기는 어렵습니다.

2020년, 일본의 후지필름이라는 회사는 딥 러닝을 활용해 '수술용 거즈 인식 기능'을 개발했습니다. 엑스레이 검사 결과를 자동으로 분석해 남은 거즈가 있는지 살피는 시스템입니다. 비용 문제로 아직 도입하지 못한 병원들도 있지만, 사고 위험이 높은 일일수록 사람의 기억과 눈에 의존하지 않아야 실수를 줄일 수 있습니다.

의료와 멸균 거즈

거즈는 넓은 의미에서 올이 성긴 직물을 가리키는 말입니다. 어원이 확실히 밝혀지진 않았는데, '비단'을 뜻하는 아랍어와 '생사(삶지 않은 명주실)'를 뜻하는 페르시아어에서 비롯되었다는 설이 유력해요.

거즈를 의료용 목적으로 최초로 사용한 사람은 응급 환자 분류(트리아지)와 세계 최초의 구급차를 발명한 프랑스 외과 의사 도미니크장 라레라고 보는 의견이 많습니다. 3장에서 소개한 18세기에 나폴레옹 부대에서 활약했던 의사죠.

하지만 오늘날 수술실에서 거즈를 사용하는 방식은 아무래도 리스터가 도입했습니다. 리스터는 수술 후 감염을 최대한 줄이고자 고심한 끝에 환자에게 닿는 모든 도구를 소독하려고 했어요.

19세기 후반, 리스터는 소독약인 석탄산을 적신 거즈를 최초로 개발해 수술 전 준비물로 사용했습니다. 이후 석탄산 외에도 다양한 소독액을 시험하며 이상적인 멸균 거즈를 찾기 위해 시행착오를 거듭했어요.

한편 세균학자인 로베르트 코흐가 세균이 감염병을 일으킨다는 가설을 증명한 이후로 세균을 사멸하는 '무균법'이 고안되었습니다. 120도가 넘는 고온에서 세균이 죽는다는 사실을 확인하고, 파스퇴르의 조수였던 샤를 샹베를랑이 1880년에 세계 최초로 고온 증기 멸균기를 발명했습니다. 주방에서 흔히 볼 수 있는 압력솥처럼 생긴 기구로, 120도 이상의 고온 환경을 만들어 갖가지 세균을 죽일 수 있었어요.

풀기 어려운 문제에 도전

물론 사람의 몸은 고온 증기로 멸균할 수 없지만, 수술 시 몸에 닿는 금속 재질의 기구와 거즈, 리넨 같은 의료 용품은 이 방법으로 무균 상태를 만들 수 있습니다. 이 고온 증기 멸균기는 '오토클레이브(autoclave)'라고 부르는데, 오늘날 의료 현장에서 가장 많이 사용하는 멸균 기구의 원형이 되었어요.

오늘날 수술에서 사용하는 도구는 모두 무균 상태로 제공됩니다. 열을 견디는 제품에는 오토클레이브가 사용되고, 열에 약한 플라스틱 제품과 고무 제품 등은 산화 에틸렌이라는 가스로 멸균하는데, 이 방법을 쓰면 제품을 포장한 뒤에도 멸균 처리를 할 수 있어요. 특수한 포장재를 50~60도의 가스가 통과하여 안에 있는 제품을 멸균하는 방식입니다.

'자연계에 차고 넘치는 미생물을 수술실 안에서만큼은 완전히 없앤다!' 이 어려운 과제에 수많은 과학자가 용감하게 도전장을 던졌습니다. 지금 우리가 당연하게 누리는 무균 환경은 수술 후 감염을 막기 위해 노력했던 수많은 의사와 과학자들이 기울인 노력의 결정체입니다.

중력을 이용해
장을 옮긴다

물구나무를 섰을 때, 뱃속에서는?

만약 여러분이 지금 물구나무를 선다면 뱃속에서는 어떤 일이 벌어질까요? 잘 느껴지지 않아도 소장과 대장 일부가 중력을 따라 머리 쪽으로 이동하고 아랫배에는 널찍한 공간이 생길 거예요. 배 안은 장기로 꽉 들어차 있지 않고 나름 여유 공간이 있거든요.

뱃속에서 가장 넓은 영역을 차지하는 장기는 소장입니다. 약 6미터나 되는 소장은 뱃속에서 중력을 따라 움직여요. 자는 동안에는 배 전체로 골고루 퍼져 있다가 일어나면 다리 쪽으로, 물구나무서면 머리 쪽으로 자리를 옮깁니다.

물론 소장이 뱃속에서 키우는 길쭉한 장어처럼 몸 안에 둥둥 떠 있는 건 아닙니다. 바닷속 말미잘이 흐느적거리면서도 바닥에 붙어 있듯, 소장도 등에서 '돋아 있다'고 생각하면 대강 맞습니다.

소장이 붙어 있는 부분은 지방 조직으로 이루어진 노란 벽입니다. 그 안을 수많은 혈관이 지나며 소장을 향해 내달립니다. 영양을 공급하기 위해서죠. 이 노란 벽을 '장간막'이라 부릅니다.

한편 대장은 소장보다 살짝 큼직하고, 길이는 1.5~2미터 정도 됩니다. 대장은 배 오른쪽 아래부터 시작해 시계 방향으로 살짝 흘려 쓴 기역 자 모양으로 이어집니다. 대장은 소장과 달리 등에 붙어서 고정된 영역과 자유롭게 움직이는 영역이 있습니다. 그래서 기역 자 모양이라는 식으로 모습을 표현할 수 있지만, 소장은 어떤 글자로 형태를 표현하기가 어려워요.

중력을 이용한 복강경 수술

요즘은 복강경 수술이 널리 이루어지고 있습니다. 복강경 수술은 배에 작은 구멍을 몇 개 뚫고, 그 구멍을 통해 길쭉한 도구들을 넣어 집도하는 수술입니다. 길쭉한 카메라를 구멍으로 집어넣어서 복강 내부를 모니터로 비추고, 외과 의사가 그 모니터를 보면서 수술하죠.

지름 5~10밀리미터의 구멍으로는 의사의 손도 들어가지 않습니다. 그래서 일단 '트로카(trocar)'라는 길이 약 10센티미터의 관을 구멍에 넣습니다. 그리고 그 관을 통해 30센티미터 정도 되는 긴 도구를 넣어 장기를 조작하죠. 복강경 수술 전용 겸자입니다.

이 겸자는 끝에 집게가 달려 있어서 무언가를 집을 수 있도록 설계되어 있습니다. 악어 입처럼 생긴 아이들 장난감이나, 높은 가지를 치는 정원용 가위와 비슷한 구조죠. 손으로 조작하면 끝부분을 움직일 수 있고, 핀셋이나 가위처럼 다양하게 쓸 수 있습니다. 앞서 소개한 전기 메스와 초음파 유도 절개 장치, 외과용 봉합기 같은 기구도 복강경용으로 길쭉하게 만들어진 게 있습니다. 복강경 수술이 발전하면서 전용 장치도 다양하게 개발되었습니다.

복강경 수술은 중력을 교묘하게 이용해 장기를 이동시키는 기술이 관건입니다. 특히 직장과 자궁, 방광, 전립샘(전립선)처럼 골반 깊숙한 곳에 자리한 장기를 수술할 때는 수술 침대

복강경 수술용 겸자(위), 복강경 수술 모습(아래)

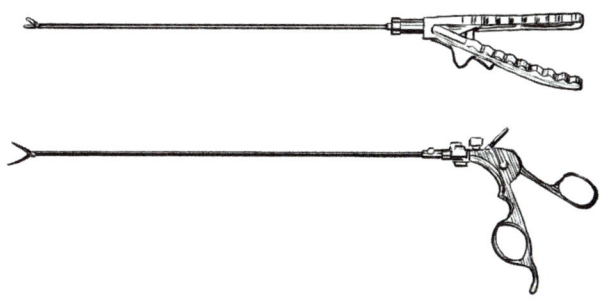

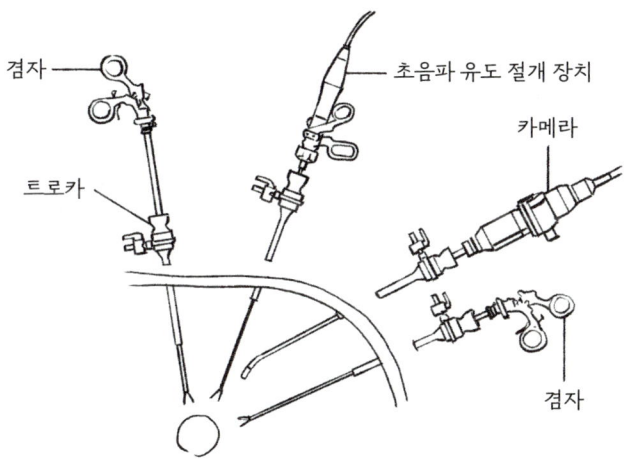

겸자

초음파 유도 절개 장치

카메라

트로카

겸자

를 머리 쪽으로 가파르게 기울여야 합니다. 이러면 소장이 머리 쪽으로 몰려서 골반 쪽에 작업할 공간이 생기거든요. 복강경 수술에서는 손으로 장기를 밀어 옮길 수 없기 때문에 중력의 힘을 빌려 장기 위치를 잘 조절해야 합니다.

의사는 수술하는 장기에 따라 침대를 기울이는 방향과 각도, 환자의 체위를 가장 적합하게 조정합니다. 자르고 꿰매는 기술뿐 아니라, 얼마나 복강 내 공간을 적절히 확보할 것인지 준비하는 과정도 수술의 질을 높이는 중요한 기술입니다.

공간 확보가 어려운 환자, 쉬운 환자

수술을 하다 보면 공간을 빠르게 확보할 수 있는 환자와 상당한 시간을 투자해야 하는 까다로운 환자가 나뉩니다. 즉, '공간 확보의 편리함'에 개인차가 있어요. 특히 내장 지방량이 많은 영향을 주는 변수입니다. 비만인 사람과 마른 사람은 내장 지방의 양이 많이 차이 납니다.

비만인 사람의 몸에는 누런 내장 지방이 많이 끼어 있습니다. 그래서 수술해야 할 장기가 지방에 묻혀 첫눈에 안 보이기도 해요. 반면 마른 사람은 내장 지방의 양이 적어서 공간 확보가 쉽습니다. 같은 수술이라도 내장 지방이 많은 사람은 적은 사람보다 몇 시간이 더 필요하기도 합니다.

"수술하는 김에 배 둘레에 낀 지방도 좀 제거해 주실 수 없을까요?"

여담이지만 수술실에 들어가는 환자들에게 자주 받는 질문입니다. 이 질문을 받을 때마다 아쉬우시겠지만 기대하는 만큼의 지방은 제거할 수 없다고 설명합니다. 내장 지방은 중국 요리에 자주 쓰는 고체 기름, 라드처럼 덩어리째 있는 기름이 아니라서 숟가락으로 떠내듯 제거할 수 없기 때문입니다.

내장 지방, 다시 말해 지방 조직은 장기를 둘러싸고 있어서 장기의 일부나 다름없습니다. 지방 조직은 내부로 엄청난 수의 혈관이 지나가고, 장기에 영양을 공급합니다.

오징어와 새우, 조개 같은 해산물을 듬뿍 넣고 부친 해물파전을 해산물 건더기만 남긴 채 반죽만 걷어 내야 한다고 상상해 봅시다. 해산물 건더기는 장기고, 반죽은 지방 조직인 셈이에요.

대신 "새우 한 마리만 건져 주세요." 같은 주문은 그리 어렵지 않게 들어줄 수 있습니다. 장기 적출 수술이 이런 식이죠. 장기를 제거하는 수술에서는 일반적으로 주위 지방 조직을 같이 정리해서 들어낼 때가 많습니다. 마치 해물파전에서 새우 한 마리를 뒤집개로 살짝 떼어 내듯이요.

즉 장기를 적출할 때 일부 내장 지방이 제거되기는 하지만, 날씬해질 정도는 결코 아니라는 뜻입니다.

복강경 수술의 역사와 발전

예전에는 복강경 수술이 최신 치료법이라는 이미지가 있었는데, 최근에는 표준적인 치료에 들어섰습니다. 일본을 기준으로 대장암 수술의 80퍼센트 이상이 복강경으로 진행됩니다. 쓸개 수술은 90퍼센트 이상이에요.

복강경 수술의 이점은 절개 부위를 최소화한다는 데 그치지 않아요. 고정밀 카메라가 근접 촬영한 영상을 보면서 수술할 수 있다는 점도 큰 장점입니다. 깊고 좁은 공간에 카메라를 집어넣어 맨눈으로는 보기 어려운 풍경을 선명하게 촬영할 수 있죠.

다시 말해 복강경은 환자뿐 아니라 외과 의사에게도 참 유용한 도구입니다. 그래서 복강경 수술이 이 정도로 보급될 수 있었죠.

의학사에서 배에 작은 구멍을 뚫어 몸속을 엿보는 실험은 독일의 외과 의사 게오르크 켈링이 최초로 시도했습니다.

1901년의 일이었어요. 그는 개의 배에 구멍을 뚫어 공기를 불어 넣고, 배를 부풀려 카메라로 복강 내부를 관찰하는 데 성공했습니다.

켈링은 학회에서 이 기술을 발표했고 앞으로는 복강경 수술이 개복 수술을 대신하게 될 날이 오리라고 예언했습니다. 그의 혜안은 적중했어요. 불운하게도 켈링은 제2차 세계 대전 막바지인 1945년에 연합군이 주도한 드레스덴 폭격으로 세상을 떠났습니다. 그 후로도 오랫동안 그가 꿈꾸었던 미래는 이루어지지 않았어요. 과학 기술이 발전하는 데 시간이 걸렸거든요.

기술적 관문 중 하나는 광원이라는 장벽이었습니다. 몸 내부를 카메라로 관찰하며 수술하려면 강력한 빛이 필요합니다. 당연히 우리 몸속은 깜깜하죠. 복강 내뿐 아니라 콧속, 목구멍, 항문 안처럼 외부 세계에서 한 걸음만 더 몸속으로 들어가면 그 순간 빛은 사라지고 아무것도 보이지 않습니다.

그래서 초기에는 길쭉한 내시경 끝에 전구를 달아서 몸속을 비추었습니다. 그러나 작은 구멍을 통해 카메라를 몸속으로 집어넣다 보니 내시경은 그보다 더 가늘어야 했고, 그 끝에 달리는 전구는 너무 작아 어두침침할 수밖에 없었습니다.

이때 한 줄기 빛이 비쳤습니다. 독일의 의료 기기 회사인 칼스토츠였습니다. 1960년, 칼스토츠는 내시경의 역사를 바꾸는 혁신적인 광원을 세상에 성공적으로 소개했습니다. 칼스토츠는 한 외부 광원에서 오는 반사광을 길쭉한 통을 통해 끝에서 내뿜는 원리를 활용했습니다. '냉광원'이라는 이 기술은 전구보다 훨씬 밝고 발열이 일어나지 않아 안전성 면에서도 아주 탁월했습니다.

빛을 내뿜는 도구는 뜨겁게 달구어지는 게 상식이었습니다. 양초 심지에 불을 붙여도, 전구에 불을 켜도, 형광등을 켜도 마찬가지입니다. 그런데 몸속에서 사용하는 내시경이 고온을 방출하면 열상 등으로 장기에 손상을 줄 우려가 있어요. 이러한 위험을 줄이려는 연구 끝에 냉광원이 탄생했습니다.

이 기술로 드디어 외과 의사는 밝고 탁 트인 시야에서 안전하게 수술을 집도하게 되었습니다. 칼스토츠는 지금도 수술용 내시경 업계를 선도하는 기업입니다.

또 하나 넘어야 할 장벽은 출혈이었습니다. 시야는 밝아졌지만, 장기와 혈관을 자를 때 생기는 출혈을 작은 구멍으로 조절할 기술이 없었거든요. 이 기술 없이는 안전한 수술이 불가했습니다.

그래서 출혈을 멈추고, 흡인하는 기능이 딸린 복강경용 장치가 차례로 개발되었습니다. 독일의 산부인과 의사로, '복강경의 아버지'라는 별명을 얻은 쿠르트 젬이 그 주역입니다.

1970년대에 젬이 고안한 장치들은 의료 혁명을 불러

쿠르트 젬

왔습니다. 그때까지 '진단'이 주요 목적이었던 복강경을 '치료'에 활용하는 길이 열렸거든요. 검사 장비에서 수술 장비로 복강경의 쓰임은 크게 변하기 시작했습니다.

1980년, 젬은 세계 최초로 복강경으로 충수염 수술을 성공시켰습니다. 당시 보수적인 외과 의사들은 굳이 수술 난이도를 올리는 일이라며 부정적인 반응을 보였고 젬에게 거센 비난을 퍼부었습니다. 하지만 시대의 흐름은 멈출 수 없었습니다. 1987년에는 프랑스의 외과 의사 필리프 무레가 세계 최초로 쓸개를 적출하는 복강경 수술을 집도했고, 그 후로 다른 장기에도 서서히 복강경 수술이 적용되었습니다.

이러한 발전의 배경에는 영상 기술과 수술 기기 성능의 눈부신 발달이 있었습니다. 과학 기술이 발전함에 따라 복강경 기술도 의료 현장에서 보편화되었죠.

　참고로 현대 복강경 수술에서는 이산화 탄소를 복강 내에 주입해 배를 부풀리고는 수술합니다. 충분한 공간을 확보하기 위해서죠. 왜 이산화 탄소를 쓸까요? 혈액에 잘 녹아들어 폐에서 몸 밖으로 빠르게 배출되는 기체이기 때문입니다. 게다가 전기 메스 같이 불꽃이 발생하는 기구를 몸속에서 사용하려면 가연성이 없는 기체를 써야 해 이산화 탄소가 선택받았습니다. 1960년대에 이산화 탄소 주입 장치를 최초로 개발한 사람도 복강경의 아버지, 젬입니다.

　그러고 보면 젬은 왜 이토록 많은 장치를 줄줄이 발명했을까요? 그건 젬의 가정 환경과 관련이 있습니다. 젬의 아버지와 형이 의료 기기 회사를 경영했거든요. 고전적인 수술에 비해 복강경 수술은 의료 기기의 발전에 크게 의존합니다. 그런 면에서 젬은 다른 외과 의사보다 압도적으로 유리한 위치에 있었던 것이죠.

로봇이 견인하는
새로운 외과학

미국 군대에서 연구한 원격 수술

21세기에 들어서면서 외과 수술은 한 단계 더 발전하며 혁신을 맞이했습니다. 바로 로봇이 수술을 돕는 시대가 열린 것입니다.

1994년에 미국의 컴퓨터모션이라는 회사는 외과 의사의 지시에 따라 카메라를 움직여 주는 세계 최초의 수술용 로봇, '이솝(Automated Endoscopic System for Optimal Positioning, AESOP)'을 개발했습니다. 보통 복강경 수술에서는 수술을 돕는 조수가 카메라를 들고, 의사의 지시에 맞춰 보고자 하는 부위를 비추었습니다. 이솝은 이 카메라를 로봇 팔이 대신 들고 움직입니다. 의사가 말로 지시하면, 카메라가 상하좌우 자유자재로 움직입니다. 손떨림이 없어 시야가 안정적이고, 수술실에 들어가는 인원도 줄일 수 있죠.

지금 세계적으로 보급된 마스터-슬레이브(master-slave)형 수술 지원 로봇은 컴퓨터모션에서 출시한 '제우스(ZEUS)'에서 시작되었습니다. 여기서 '마스터-슬레이브'란 '마스터(주인)'와 '슬레이브(노예)'를 합친 용어입니다. 로봇 분야에서는 사람이 손으로 조작하는 움직임을 로봇 팔이 그대로 따라 하는 방식을 말합니다.(이 용어가 차별적이어서 개정이 필요하다는 지적이 있습니다.)

제우스는 의사가 수술용 기기의 콘솔에 앉아서 로봇 팔을 마음대로 조작하는 새로운 개념을 도입했습니다. 이 기술은 2001년에 미국 정부 승인을 받았지만, 전 세계로 널리 보급된 수술 지원 로봇은 제우스가 아니었습니다.

1980년대 후반, 미국 육군과 스탠퍼드대학교 연구소가 매진하던 연구가 있었으니, 전쟁터에서 사용 가능한 원격 수술 로봇이었습니다. 전쟁 중 부상당한 병사를 멀리 떨어진 병원에서 원격으로 수술하려는 목적이었죠.

그러던 중 1995년에 설립된 인튜이티브서지컬이라는 회사에서 새로운 마스터-슬레이브형 수술 로봇을 개발합니다. 이 로봇의 이름은 '다빈치 수술 시스템(Da Vinci Surgical System)'이었습니다. 르네상스 시대 천재 예술가이자 과학자였던 레오나르도 다빈치의 이름을 딴 이 수술 로봇은 3D 영상과 손에 착 붙는 조작성으로 큰 주목을 받았습니다.

의사가 직관적으로 사용하도록 만든 데다가 손떨림 방지 기능과 '손으로 3센티미터 움직이면 로봇 팔은 1센티미터만 움직이는' 모션 스케일 기능으로 정밀한 조작을 지원했습니다. 다빈치는 많은 점에서 제우스를 뛰어넘었죠.

2003년, 인튜이티브서지컬이 컴퓨터모션을 흡수 합병하면서 수천 건에 달하는 특허를 손에 넣었습니다. 이를 바탕으로 전 세계 수술 로봇 시장의 약 70퍼센트를 차지하며 압도적인 업계 1위 자리에 올라섰죠. 최근까지도 시장을 견인하는 선두 주자입니다.

일본에서도 보험 적용 확대로 로봇 지원 수술이 빠르게 늘고 있는 추세입니다. 지금까지 일본 전국에 500대 이상 도입되어 2017년과 비교하면 위 수술에서 약 10배, 직장 수술에서 약 20배(2021년) 증가했으니 정말 속도가 무시무시합니다.

만화책에서 이름을 얻은 수술 로봇

최근 다빈치의 주요 특허가 비로소 만기되면서 이 분야의 여러 회사가 새로운 영웅이 되기 위해 참전하고 있습니다. 일본에서도 산업용 로봇의 선구자인 가와사키중공업과 의료 기기 회사인 시스멕스에서 2013년에 함께 세운 메디카로이드가 새로운 수술 지원 로봇을 개발했습니다. 2020년에 승인된 이 로봇은 '히노토리 수술 로봇 시스템(Hinotori Surgical Robot System)'으로, 다빈치와 마찬가지로 외과 의사가 콘솔에 앉아 로봇 팔을 원격으로 조작하는 형태입니다. 이름은 만화의 신으로 불리는 데즈카 오사무의 작품《불새》에서 따왔어요.

수술 지원 로봇은 단순히 수술을 도와주는 도구를 넘어 의료진의 역할과 모습을 바꾸어 놓고 있습니다. 로봇이 방대한 양의 수술 자료를 저장해서 학습하고, 외과 의사의 수행 능력을 분석하고 피드백을 주거나, 때로는 수술을 어떻게 하면 좋을지 내비게이션처럼 안내를 하기도 합니다. 수술 방식 자체가 크게 달라지고 있죠.

오늘날 비약적으로 발전한 기술은 우리 생활을 무서운 속도로 진화시켰습니다. 이와 발맞추듯 외과학 또한 기술과 융합해 아주 빠른 속도로 발전하고 있어요.

요즘 외과 의사들은 외과학이 얼마나 기술 친화적인 분야인지를 여실히 실감하고 있습니다. 코허와 홀스테드 같은 외과학의 지평을 개척한 거인들은커녕 복강경 수술의 토대를 쌓은 젬조차 오늘과 같은 미래를 상상하지는 못했습니다.

우리는 지금 외과학이 역사상 가장 빠른 속도로 성장하는 순간을, 제일 앞줄에서 관람하는 영광을 누리고 있습니다.

제 5 장

인체를 향한 위협

질병은 천 가지여도, 건강은 하나뿐이다.

루트비히 뵈르네 (기자, 작가)

비극적인 바이러스
유출 사건

천연두로 사망한 마지막 인류

1980년, 세계보건기구(WHO)는 천연두 종식을 선언했습니다. 인류 역사상 처음으로 하나의 병원체가 세상에서 완전히 사라진 것입니다. 백신 보급이 이룬 쾌거였습니다.

일단 감염되면 치사율이 20~25퍼센트에 이르던 천연두는 20세기에만 약 3억 명의 생명을 앗아 간 무서운 바이러스였습니다. 하지만 이제는 자연계에 존재하지 않죠. 미국과 러시아의 연구 시설에서만 연구 목적으로 보관하고 있습니다.

천연두로 사망한 마지막 사람은 영국인 여성이었습니다.

그녀의 안타까운 사고는 천연두 종식이 선언되기 2년 전에 알려졌어요.

영국 버밍엄대학교의 해부학 교실에서 의료용 사진을 현상하는 일을 하던 마흔 살 재닛 파커는 1978년 8월, 갑작스럽게 건강이 나빠졌습니다. 전신에 심한 발진이 나타났고 두통과 근육통도 있었죠. 그녀가 입원한 병원에서 주치의는 충격적인 검사 결과를 마주합니다. 파커의 체액에서 천연두 바이러스가 검출된 것입니다.

이미 전 세계에서 천연두 환자가 거의 모습을 감춘 시기였습니다. 1971년 남미에서, 1975년 아시아에서 천연두가 근절되었고, 1977년 10월에 소말리아의 병원 직원이 단독 감염된 것을 마지막으로, 전 세계에서 발병 사례가 단 한 건도 보고되지 않았거든요.

천연두에는 특효약이 없습니다. 결국 파커는 한 달을 버티다 9월, 격리 시설에서 사망했습니다. 전신을 감싸는 방호복 차림의 의료진 외에 누구와도 만나지 못한 채 고독한 임종을 맞이했죠.

자연계에는 존재하지 않던 바이러스가, 그것도 선진국 대도시에 사는 여성에게 어쩌다 침투한 것일까요? 그 원인은 누구도 예상치 못했던 사고에서 비롯되었습니다.

그녀가 소속된 해부학 교실 바로 아래에는 미생물학 실험실이 있었습니다. 이곳에서는 헨리 베드슨 교수가 천연두 바이러스를 연구하고 있었습니다. 그는 천연두 종식 선언을 앞두고 바이러스를 보관하는 연구실을 최대한 줄인다는 세계보건기구의 방침에 압박을 느끼고 있었습니다. 서둘러 연구 성과를 내야 한다는 생각에 마음이 급했죠.

베드슨 교수는 열정적인 바이러스 연구자였습니다. 위험한 중동 지역을 직접 방문해 연구 활동에 나서는 등 천연두 종식을 위해 힘 쏟고 있었죠. 세계보건기구에 탄원서를 낸 그는 1978년 말까지 몇 개월 동안 연구를 이어 가도 된다는 허락을 받았습니다.

사고는 바로 그 시기에 일어났습니다. 실험실에서 유출된 천연두 바이러스가 아무도 모르게 파커의 몸속에 침입한 것이죠. 바이러스가 실험실 통기 구멍을 통해 바로 위층의 해부학 교실에 도달했을 것으로 추정되지만, 정확한 감염 경로는 끝내 밝혀지지 않았습니다. 어쨌든 파커는 불행하게도 연구실 안에 있다가 천연두에 걸리고 말았습니다.

이 조사 결과로 책임자였던 베드슨 교수에게 비난의 화살

이 쏟아졌습니다. 책임 추궁으로 정신적 고통을 겪던 교수는 결국 1978년 9월, 자택에서 스스로 목숨을 끊고 말았어요. 너무도 비극적인 이 사건은 전 세계 연구 기관을 뒤흔들었고, 시설 안정성을 재점검하는 계기가 되었습니다.

지금은 병원 미생물을 다루는 모든 연구실이 매우 엄격한 안전 기준을 충족해야 합니다. 병원 미생물은 목숨을 앗아 가는 무시무시한 적이면서도, 눈에 보이지 않아 피할 수도 없는 상대이니까요.

세계사를 뒤바꾼 감염병

천연두만큼 인류의 역사에 지대한 영향을 끼친 감염병도 없습니다. 치명적인 전염병은 때로 강대국의 군사력보다 더 강한 힘을 발휘하기도 합니다. 천연두가 아주 좋은 예죠.

15세기 신항로 개척 시대에 유럽인들은 남아메리카 대륙에 있던 나라들을 하나둘 정복해 나갔습니다. 그런데 이 정복자들이 자신도 모르는 사이 챙겨 온 강력한 무기가 있었습니다. 총이나 말보다도 훨씬 위력이 센 이것은, 바로 바이러스입니다.

남미에 자리했던 아스테카 제국과 잉카 제국은 수백만 명의 국민을 보유한 강한 나라였습니다. 그런데 16세기 전반, 스페인에서 온 에르난 코르테스와 프란시스코 피사로가 이끈 소규모 군대에 허망하게 정복을 당했죠.

대륙을 호령하던 두 제국은 어째서 그리 쉽게 무너졌을까요? 그건 스페인 사람들이 들여온 천연두 바이러스 때문이었습니다. 외부 세계와 접촉한 적 없던 주민들은 이 바이러스에 대한 면역이 전혀 없었어요. 천연두에 걸려 인구가 빠르게 줄면서 전투력을 상실한 제국은 전투다운 전투도 해 보지 못하고 스페인에 제국을 내주었습니다.

천연두는 무서운 기세로 신대륙에 퍼져 나갔고, 막대한 생명을 앗아 갔습니다. 1밀리미터의 1만 분의 1밖에 되지 않는 작디작은 물질이 세계의 권력 구도를 뒤흔든 것입니다. 어쩌면 바이러스가 대단한 게 아니라, 우리 몸이 너무 연약하고 무방비하다는 표현이 더 정확할지도 모르겠습니다.

최초의 전염병 백신

천연두는 '두창 바이러스과'에 속하는 천연두 바이러스가 일으키는 감염병입니다. 두창(pox)이란 라틴어로 반점을 뜻하는데, 천연두 환자의 온몸에 나타나는 울긋불긋한 특유의 발진에서 비롯되었어요.

천연두는 의학사 최초로 백신 생성에 성공한 감염병이기도 합니다. 천연두 백신은 영국의 의사 에드워드 제너가 18세기에 개발했습니다.

그 시절에는 바이러스가 무엇인지조차 몰랐고, 미생물이 병을 일으킨다는 사실도 알지 못했습니다. 하지만 단 한 가지, 누구나 경험으로 아는 사실이 있었습니다.

천연두에 걸린 후 운 좋게 살아남으면, 그 이후로는 다시 천연두에 걸리지 않는다는 것입니다. 참 불가사의한 현상이죠. 몸이 어떤 병을 이겨 내는 힘을 얻은 듯 보였습니다. 만약 심하게 앓지 않고 저항력만 획득하는 방법이 있다면, 더는 바랄 게 없겠죠. 그래서 제너는 우두라는 병에 주목했습니다.

소에게서 감염되는 이 질병은 천연두와 비슷한 발진이 나타나지만, 증상은 훨씬 가볍습니다. 그런데 어째서인지 우두에 걸린 사람은 천연두에 잘 걸리지 않았어요. 낙농 지역 출신이었던 제너는 어린 시절부터 이 사실을 알고 있었습니다. 제너는 우두에 감염된 사람의 고름을 건강한 사람에게 접종하면, 천연두 저항력이 생긴다는 가설에 다다랐습니다.

당시에는 예방 접종이라는 개념 자체가 없었기에 제너의

이러한 발상은 이단에 가까웠습니다. 제너는 23명에게 우두 바이러스를 접종하는 '종두'라는 방법을 시행했고, 1798년에 연구 결과를 발표했습니다. 하지만 의학계는 그를 조롱했고, 아무도 종두의 효과를 믿어 주지 않았습니다. '종두를 맞으면 소가 된다'는 황당한 소문까지 돌 정도였죠.

영국의 풍자 작가는 후대의 면역학 교과서에 실리는 유명한 풍자화를 그렸습니다. 그 그림 한가운데에는 심각한 표정의 의사가 한 여성에게 억지로 주사를 놓고 있었습니다. 공포에 질려 인상을 쓴 여성 주위로 코와 팔에서 소의 얼굴이 자란 사람과, 입안에서 소가 나오는 기괴한 사람이 모여 아비규환을 이룬 모습을 그렸죠. 제너의 백신 이론을 야유한 풍자였습니다.

그러나 곧 종두의 효과가 확실하다는 사실이 알려지면서 더는 누구도 제너의 성과를 부정할 수 없게 되었습니다. 종두가 전 세계로 퍼져 나가면서 천연두 환자는 빠르게 줄어들었습니다.

눈에 보이지 않는 위협

무시무시한 일산화 탄소

일본 경제산업성(우리나라의 산업통상자원부, 중소벤처기업부에 해당하는 정부 기관 – 옮긴이)이 발행하는 《CO(일산화 탄소) 중독 사고 방지 기술》이라는 책자에는 일산화 탄소 중독에 관해 '전문가라도 오진할 수 있다'는 주의 사항이 달려 있습니다.

실제로 의사들은 일산화 탄소 중독을 '놓치기 쉬운 응급 질환'으로 철저하게 교육받습니다. 응급 의료 교과서에는 반드시 자세한 설명이 실려 있고요. 그렇다면 왜 일산화 탄소 중독은 놓치기 쉬울까요?

일산화 탄소 중독 시 몸에 산소가 부족한 상태인데도 혈색이 좋아 보이는 점이 진단을 방해하는 첫 장애물입니다. 우리는 얼굴빛이 창백한 상태를 '안색이 나쁘다'고 표현하고, 적당히 혈색이 돌면 '안색이 좋다', '얼굴이 환하다'고 긍정적으로 보는 경향이 있습니다. 그래서 일산화 탄소 중독 환자의 상기된 얼굴을 보면 병색이 완연한 환자라고 느끼질 못합니다.

그렇다면 어째서 일산화 탄소 중독 환자는 혈색이 좋아 보일까요? 이를 이해하려면 몸속에서 산소가 어떻게 운반되는지를 알아야 합니다.

우리는 호흡으로 대기 중 산소를 받아들이지 않으면 살지 못합니다. 온몸의 장기가 정상적으로 기능하려면 산소를 써서 에너지를 생산해야 하니까요. 코와 입으로 산소를 받아들이면, 폐를 통해 혈관으로 들어갑니다. 그러면 산소가 혈류를 타고 온몸을 순환하죠. 그렇다고 산소 자체가 혈관 속을 떠다니진 않습니다. 혈액 속의 적혈구가 말하자면 '운송 트럭'이 되어 산소를 싣고, 온몸에 뻗은 '고속도로'인 혈관을 따라 온몸으로 운반합니다.

적혈구에는 헤모글로빈이라는 성분이 들어 있는데, 이 성분이 산소와 결합하거나 떨어지며, 산소를 '싣고 내리는' 하역 작업이 가능합니다. 즉 헤모글로빈은 운송 트럭에서 짐을 싣는 '짐칸'이라고 할 수 있어요.

그런데 실제로는 산소와 결합한 헤모글로빈(산소화 헤모글로빈)과 결합하지 않은 헤모글로빈(탈산소화 헤모글로빈)은 색상이 다릅니다. 산소화 헤모글로빈은 밝은 빨강, 탈산소화 헤모글로빈은 푸른 기가 감도는 붉은색을 보입니다. 그래서 산소를 대량으로 포함한 동맥혈은 밝은 푸른색으로, 산소가 적은 정맥혈은 어두운 붉은색으로 보이죠.

산소가 부족할 때 피부가 창백해지는 반응을 청색증이라 합니다. 청색증은 탈산소화 헤모글로빈이 증가해 모세 혈관 속 혈액이 푸르스름하게 보이며 발생하는 현상입니다.

일산화 탄소는 산소의 200배가 넘는 헤모글로빈 결합력을 가진 무서운 물질입니다. 그래서 일산화 탄소를 소량이라도 체내에 흡수하면 헤모글로빈은 일산화 탄소와 차례차례 결합해 혈액 속에 삽시간에 침투합니다. '짐칸'을 일산화 탄소로 채운 적혈구는 산소를 운반할 수 없게 돼요.

게다가 일산화 탄소는 헤모글로빈을 붉게 만드는 얄궂은 특성이 있습니다. 그래서 중독 환자의 혈색이 좋아 보이는 거예요. 장기는 심각한 산소 부족 사태인데, 혈색은 좋아 보이는 상태로 서서히 '질식'하는 것입니다.

더욱이 혈중 '산소 포화도(SpO2)'를 나타내는 지표를 확인해도 일산화 탄소 중독은 놓치기 쉽습니다. 산소 포화도는 손가락에 꼽아서 혈액 속의 산소 포화도를 손쉽게 측정하는 '펄스 옥시미터(pulse oximeter)'라는 검사 기기로 얻은 수치입니다. 혈압계나 체온계와 함께 의료 현장에서 매일 같이 사용하는 환자 모니터 기기죠.

이 기기는 손끝 혈관에 흐르는 혈액 속의 산소화 헤모글로빈 비율을 감지해, 이를 퍼센트로 표시해 줍니다. 정상 수치는 약 98~99퍼센트로, 대다수 헤모글로빈이 산소와 결합한 상태가 정상인 셈입니다.

펄스 옥시미터는 혈액이 얼마나 붉은지를 빛의 흡수 정도(흡광도)로 판단합니다. 그런데 이 장치는 일산화 탄소가 붙은 헤모글로빈과 산소가 붙은 헤모글로빈을 구별하지 못해요. 그래서 일산화 탄소 중독 상태더라도 정상 수치로 표시해 버립니다.

결국 일산화 탄소 중독을 제대로 진단하려면 혈액을 채취해서 그 속의 일산화 탄소 농도를 측정해야 합니다. 이런 다양한 이유로 일산화 탄소 중독은 단단히 의심하지 않으면 놓치기 쉬운 질환입니다.

일산화 탄소에 중독되면

공기 중에 일산화 탄소가 있으면 아주 적은 양이라도 우리 몸에 다양한 증상을 일으킵니다. 농도가 0.16퍼센트만 되어도 20분 안에 구토나 어지러움을 느낄 수 있고, 2시간 안에 사망에까지 이릅니다. 농도가 1.28퍼센트 정도되면 단 1~3분 내로 생명을 잃을 수도 있어요.

일산화 탄소는 우리 주변, 특히 집이나 차량 내부처럼 일상적인 공간에서도 발생하는 기체입니다. 그래서 매년 중독 사고가 꾸준히 발생하죠. 가장 흔한 경우는 난방 기구의 불완전 연소입니다. 야외에서 사용해야 하는 휴대용 난로나 버너, 화로 등을 실내에서 쓰다가 중독 사고가 나는 경우도 많죠.

2020년 12월 일본에서 여성 한 명이 승용차 안에서 사망하는 일이 있었습니다. 눈이 많이 내리는 바람에 차량 배기구가 막히면서 환기가 제대로 되지 않은 거예요. 차 안에 일산화 탄소가 점점 차오르면서 사고가 일어났습니다. 당시 그 지역은 전날 밤부터 폭설로 정전이 일어나, 전기 난방 기기를 쓸 수 없었다고 해요. 그래서 집 앞 자동차 안에서 히터를 틀고 몸을 데우려다 이런 변을 당한 것으로 추정됩니다.

2017년부터 5년 동안 도쿄에서만 자택에서 33건의 일산화 탄소 중독 사고가 발생했고, 45명이 구급차로 이송되었습니다. 가장 발생 건수가 많은 시기는 1월과 12월, 그다음이 2월입니다. 난방 기구 사용이 많아지는 시기이죠.

일산화 탄소가 인간에게 무엇보다 위협적인 물질인 이유가 있습니다. 무색무취라는 점이죠. 이상한 냄새가 나거나 꺼림칙한 연기라도 피어오르면 본능적으로 위험을 감지할 텐데, 일산화 탄소는 불쾌한 냄새도 없고 맨눈으로 볼 수도 없어요.

일산화 탄소 흡입 시간과 중독 증상

공기 중 일산화 탄소 농도	흡입 시간에 따른 중독 증상
0.02%	2~3시간에 가벼운 두통
0.04%	1~2시간에 두통, 메스꺼움
0.08%	45분에 두통, 현기증, 구역질, 2시간이면 실신
0.16%	20분에 두통, 현기증, 구역질, 2시간이면 사망
0.32%	5~10분에 두통, 현기증, 30분이면 사망
0.64%	2~3분에 두통, 현기증, 15~30분이면 사망
1.28%	1~3분이면 사망

물론 생존에 꼭 필요한 산소도 무색무취입니다. 우리는 산소도, 일산화 탄소도 감지할 재주가 없어요. 어떤 면에서 인간의 삶이란 그 정도로 위태롭습니다.

폐암 위험 인자를
밝힌 사람들

갑자기 늘어난 폐암 환자

영국의 종합 통계 기관은 1947년, 미심쩍은 현상을 발견했습니다. 영국에서 폐암으로 사망한 사람이 근 20년 사이에 무려 15배나 증가한 것이죠.

원인 불명의 질병이 폭발적인 기세로 국민의 건강을 위협하니 빠르게 대책을 세워야 했습니다. 전문가들이 모여 머리를 맞댄 결과, 원인으로 추정되는 후보가 몇 가지 나왔습니다. 대기 오염, 배기가스, 아스팔트 재료, 계절성 독감, 일조량 부족 등이었죠. 다양한 원인이 검토되었지만, 결정적인 원인을

브래드퍼드 힐

찾지는 못했어요.

이때 영국의 의학 통계학자인 브래드퍼드 힐은 의사 리처드 돌과 함께 폐암 위험 인자를 찾아 내기 위한 연구를 시작했습니다. 런던에 있는 20개 병원에서 입원 환자를 대상으로 인터뷰를 하고, 폐암 환자와 다른 환자 사이에 어떤 차이가 있는지를 분석했죠.

암은 원래 원인이 복잡하게 얽혀 발생하는 병입니다. 그래서 원인을 하나로 딱 집어내기 어렵다고 예상되었죠. 그러나 이 조사에서는 아주 또렷한 결과가 나왔습니다. 폐암에는 분명한 위험 요소가 있었던 것입니다. 바로 흡연입니다.

1950년, 힐과 돌은 이 연구 결과를 권위 있는 의학 잡지인 《브리티시 메디컬 저널》에 발표했습니다. 그리고 훨씬 더 큰 규모의 조사를 계획했습니다. 그 이름은 '브리티시 닥터스 스터디(British Doctors Study)'로, 영국 전역의 의사 약 6만 명에게 설문지를 보내 흡연 여부를 조사하고, 몇 년 뒤 이들 가운데 몇 명이 폐암으로 사망했는지를 추적하는 장대한 연구였습니다.

리처드 돌

이 조사가 기발했던 이유는 의사를 대상으로 한다는 아이디어 때문이었습니다. 영국의 의사는 모두 의사 등록부에 이름을 올리고, 의사 일을 그만두지 않는 한 등록부를 갱신해야 했습니다. 즉 영국 의사를 대상으로 하면, 앉은 자리에서 손쉽게 사망 여부를 조사할 수 있었죠. 게다가 의사가 직접 흡연 습관을 신고하니 신뢰성이 높았습니다. 영국 의사는 이 조사에 딱 맞는 조건을 갖춘 '피실험자'였습니다.

1954년, 드디어 연구 결과가 4년 전과 동일한 의학지에 공개되었습니다. 결과는 충격적이었습니다. 흡연자의 연간 폐암 사망률이 비흡연자보다 45배나 높았던 것입니다. 그때까지 흡연의 폐해는 거의 알려지지 않았고, 몇몇 소규모 보고가 산발적으로 이루어지는 정도였습니다. 오히려 담배가 몸에 좋다는 광고까지 있었죠.

힐과 돌의 경고를 계기로 점점 더 많은 연구가 이루어졌고, 학술지마다 흡연과 폐암의 관계를 분명하게 보여 주는 논문이 실리기 시작했습니다.

하나의 병원체가 일으키는 감염병과 달리, 폐암처럼 몇십 년에 걸쳐 천천히 진행되는 만성 질환은 원인을 밝히기가 어렵습니다. 이럴 때는 통계학적으로 기여도가 높은 위험 인자를 찾아내는 접근 방식이 필요했어요.

이때부터 지금까지 약 반세기 동안 크게 발달한 학문이 바로 '역학'입니다. 성인들을 대상으로 건강과 관련된 다양한 상황을 분석해 영향을 주는 인자를 밝히고, 사회적으로 대책을 세우도록 도움을 주는 학문이죠.

대표적으로 미국 메사추세츠주의 프레이밍햄에 사는 5000명을 오랫동안 추적 조사한 '프레이밍햄 심장 연구'가 있습니다. 이 연구는 고혈압과 비만, 당뇨병, 콜레스테롤 이상 등 심혈관 질환 위험 인자를 역사상 최초로 규명한 연구로 꼽힙니다.

이 시대 의학 통계학자들은 만성 질환의 위험 인자를 밝히고 질병과의 연관성을 찾아내는 방법을 갈고닦았습니다. 담배의 해로움을 밝힌 힐과 돌의 연구도 이러한 새로운 시대의 흐름 속에서 탄생했습니다.

담배는 어떻게 대중화되었나?

담배는 가짓과에 속하는 담배속 식물을 원료로 만든 기호품입니다. '니코티아나 타바쿰(Nicotiana tabacum)'이라는 종이 가장 흔합니다. 학명 속 '니코티아나'와 담배의 주성분인 '니코틴(nicotine)'은 모두 16세기 프랑스에서 담배를 퍼뜨린 외교관 장 니코의 이름에서 따왔습니다.

담배는 신대륙에서 왔습니다. 1492년, 아메리카 대륙에 도착한 이탈리아인 탐험가 크리스토퍼 콜럼버스의 탐험대는 그곳에 살고 있던 주민들이 다양한 방법으로 담배를 즐기는 모습을 보았습니다. 담뱃잎을 태워 연기를 마시는 연초, 담뱃잎을 그대로 씹는 씹는담배, 가루로 만든 담뱃잎을 코로 들이마시는 코담배 등 여러 방법 중 특히 눈길을 사로잡은 건 연기를 마시는 연초였습니다. 연초도 담뱃잎을 말아서 만든 엽궐련, 옥수수 잎 등으로 말아서 피우는 궐련, 파이프를 사용해 피우는 파이프 담배 등 여럿이었죠.

유럽인들의 흥미를 끈 담배는 옥수수와 감자 같은 작물과 함께 전 세계로 퍼져 나갔고, 각지에서 재배하게 되었습니다.

19세기에서 20세기 사이에는 종이에 말아 만든 담배인 궐련이 대량 생산되어 전 세계에 담배가 폭발적으로 보급됐습니다. 그 배경에는 흡연자들의 병적인 니코틴 중독이 자리하고 있었죠. 혈액 속 니코틴 농도가 일정 수준 이하로 내려가면 흡연자는 심한 불쾌감이 들어 담배를 찾게 됩니다. 담배를 피울수록 몸이 니코틴에 의존하게 되는 이 악순환이 담배의 세계적 매출을 뒷받침했습니다.

담배 매출은 기하급수적으로 증가했고 거대 기업이 줄줄이 탄생해 땅 짚고 헤엄치는 수준으로 시장을 개척했습니다. 미국에서는 20세기 중반에 담배의 연간 매출이 약 50억 달러, 1인당 소비량은 연간 400개비라는 유례없는 규모를 보이며 큰 산업으로 성장했어요.

힐과 돌의 연구는 바로 이러한 시대에 이루어졌습니다. 파죽지세로 성장하던 담배 산업에 '흡연이 건강에 피해를 준다'는 연구 결과는 당연히 달갑지 않았죠.

담배 회사들은 막대한 광고비를 동원해 이 흐름을 저지하고자 맹공을 퍼부었습니다. 의사를 광고에 등장시켜 안전성을 주장하고, 소비자에게 불안과 공포심을 주지 않도록 온갖 수단을 동원해 연구 결과를 교묘하게 부정하려 했어요.

그러나 시대의 흐름은 멈출 수 없었습니다. 현재에 이르기까지 엄청난 수의 연구가 담배의 무서운 유해성을 밝혀냈기 때문입니다. 담배에는 약 70종류의 발암성 물질이 들어 있고, 그중 16종류가 직접적으로 암을 일으킵니다. 흡연자는 비흡연자보다 폐암에 걸릴 위험이 15~30배 높아지며, 평균적으로 수명이 10년 줄어듭니다. 또 담배 한 개비를 피울 때마다 수명이 10분 줄어든다는 연구도 있습니다.

흡연을 하면 기관지에 염증을 일으키고, 폐포를 망가뜨립니다. 이렇게 일어나는 만성 폐쇄성 폐 질환(Chronic Obstructive Pulmonary Disease, COPD)은 일단 한번 생기면 원래대로 되돌릴 수 없습니다. 숨이 차서 일상생활도 버거워질 수 있는 병이죠.

담배를 피우는 사람뿐 아니라 주위 사람에게도 간접흡연 피해가 생깁니다. 담배를 피우지 않는 사람이라도 간접흡연으로 폐암과 뇌졸중, 심근 경색이나 협심증과 같은 관상 동맥 질환 발병 위험이 20~30퍼센트 증가하죠.

흡연자가 수술을 받는 경우는 문제가 더 심각해집니다. 흡연자는 수술 후 폐와 심장 질환이 생기기 쉽고, 비흡연자보다 사망 위험도 더 높습니다. 상처 감염 위험도 높고요. 담배의 해로운 점을 나열하자면 지면이 부족할 지경입니다.

일본에서도 폭발적으로 보급된 담배

1960년대 일본인 남성의 흡연율은 약 80퍼센트였습니다. 정말 놀라운 수치죠. 1966년에는 83.7퍼센트로 정점을 찍었고, 그중에서도 40대 평균이 가장 높았습니다. 이 정도로 많은 사람이 즐기는 기호품은 담배말고는 찾아보기 어려울 정도였어요.

그 당시에는 전철과 버스 같은 대중교통 안에도 재떨이가 버젓이 놓여 있었습니다. 1964년에 개통된 신칸센 고속철도 안에서도 자유롭게 담배를 피울 수 있었죠. 심지어 예전에는 비행기에 흡연석이 마련되어 있었어요. 기내 전면 금연은 1999년 무렵에야 실시되었습니다.

학교 교무실, 병원, 식당, 영화관 등 온갖 장소에서 사람들은 담배를 피웠습니다. 텔레비전에서는 담배 광고가 끊임없이 흘러나왔고, 청년들은 당대 인기 배우들이 멋지게 담배 연기를 내뿜는 모습을 보며 동경했어요.

그러나 세계적인 금연 추세에 따라 일본의 흡연율도 점점 낮아졌습니다. 2016년, 일본 남성의 흡연율은 30퍼센트 아래로 내려갔고, 현재는 남녀를 합쳐 20퍼센트 미만입니다. 직접적인 담배 광고는 금지되었고, 공공장소에서 흡연이 가능한 공간도 제한하고 있어요.

인류사에서 담배가 폭발적으로 퍼졌다가 극적으로 줄어든 기간은 무척 짧습니다. 그 역사를 돌아보면 사람의 몸을 지키려는 의학계의 의지와 노력을 엿볼 수 있습니다.

일본인의 흡연율 추이

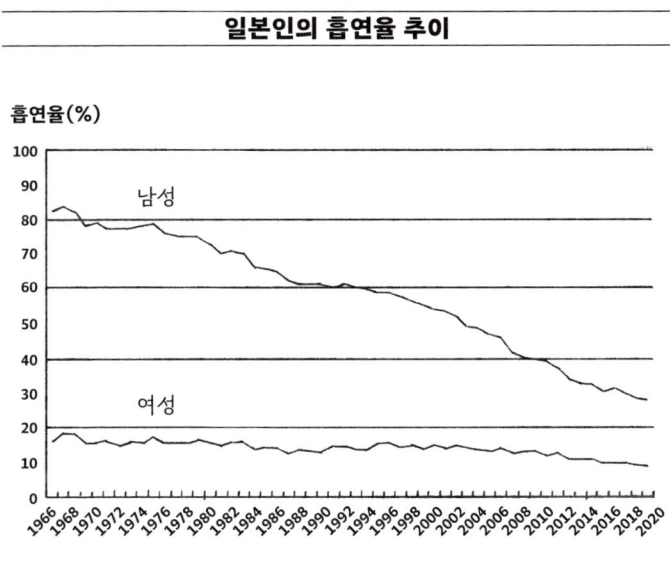

생명을 파괴하는 광선

도카이무라의 원자력 사고

1999년 9월 30일, 지바현에 있는 방사선의학종합연구소로 두 명의 작업자가 헬리콥터에 실려 긴급 이송되었습니다. 이들은 급성 방사선 장애로 중태에 빠져 있었죠. 원인은 이바라키현 나카군 도카이무라에 있는 JCO라는 회사의 핵연료 가공 시설에서 발생한 원자력 사고였습니다.

그중 가장 상태가 심각했던 작업자는 사고 당시 매우 가까운 거리에서 엄청난 양의 방사선에 노출되었습니다. 방사선은 그의 전신을 관통하며 세포핵 안에 있던 DNA를 산산조각 냈습니다. 그 순간 온몸의 세포가 분열 능력을 상실했죠. 생명의 설계도가 사라진 셈이었습니다.

사고 이튿날, 도쿄대학교 의학부 소속 병원의 집중 치료실로 이송되었을 때는 오히려 맥이 빠질 정도로 상태가 가벼워 보였습니다. 전신에 가벼운 화상을 입은 정도로 물집 하나 잡히지 않고 의식도 또렷했죠. 그러나 그 후 몸에 일어난 변화는 절망적이었습니다.

방사선은 세포 분열이 활발한 부위에 막대한 영향을 미칩니다. 그의 몸은 더 이상 혈구를 만들어 내지 못했고, 면역 체계는 완전히 파괴되어 재생이 불가능해졌습니다. 혈구의 재료가 되는 조혈 줄기세포를 이식하는 치료가 이루어졌고, 무균실에서 집중 치료를 받게 되었죠.

그러나 치료에도 불구하고 한 차례 묵은 피부가 떨어져 나가면 전혀 재생 반응이 일어나지 않았습니다. 환자의 몸 표면에서 수분과 혈액이 끊임없이 빠져나갔습니다. 소화관 표면을 뒤덮은 점막이 사라져 재생되지 않았고, 엄청난 양의 설사와 출혈이 그치지 않았습니다. 매일 10리터 링거로 수분을 보충해도 감당이 되지 않는 수준으로 그의 몸에서 액체가 급속도로 빠져나갔습니다.

이 사고는 일본 내에서는 처음이자, 세계적으로도 거의 유례가 없는 심각한 방사선 피폭 사고였습니다. 지금까지 본 적 없는 모습으로 인체가 쇠약해지고 생명력을 잃어 가는 참혹한 과정을 지켜보며 의료진들은 최선을 다해 치료에 임했습니다. 그러나 사고가 발생하고 83일 후 작업자는 다발성 장기 부전으로 사망했습니다. 당시 그의 나이는 35세로, 아내와 초등학교 3학년 아들을 둔 건강한 남성이었습니다. 의학의 한계를 실감한 사건이었습니다.

사고 이후, JCO의 작업 공정에서 안전 관리가 허술했다는 문제가 밝혀졌고 소장을 포함한 여섯 명이 업무상 과실 치사 등의 혐의로 유죄 판결을 받았습니다.

이 사고에서 반응을 일으킨 우라늄은 고작 0.001그램이었습니다. 이 사건은 방사선이라는 눈에 보이지 않는 위협 앞에서 인체가 얼마나 나약한지 깨닫게 했습니다. 올바른 지식과 그에 기반한 적절한 관리 없이는 결코 우리 몸을 지킬 수 없다는 사실도요.

방사선에 무지했던 인류
방사선의 존재를 최초로 알아낸 사람은 독일의 물리학자

빌헬름 뢴트겐입니다. 1895년, 고전압 진공관을 이용한 실험을 진행하던 뢴트겐은 우연히 기묘한 광선을 발견했습니다. 진공관에서 뿜어져 나온 그 광선은 진공관을 덮은 검은 마분지를 투과해 스크린을 희미하게 비추었어요.

뢴트겐이 그 광선을 손으로 가리자 놀라운 현상이 일어났습니다. 스크린에 자기 손뼈가 비친 것이죠. 사람의 몸속을 들여다보는 기술이 최초로 탄생한 순간이었습니다.

그가 'X선'이라고 이름 붙인 이 새로운 광선은 순식간에 전 세계로 퍼졌습니다. 더불어 X선을 이용한 '엑스레이'라는 획기적인 의료 검사가 탄생했습니다. 오늘날 위장 조영 검사와 컴퓨터 단층 촬영(CT) 등 X선을 응용한 검사는 의료 현장에서 필수가 되었습니다. 질병 진단 과정을 완전히 바꿔 놓은 뢴트겐은 이 업적으로 1901년, 제1회 노벨 물리학상을 받았습니다.

뢴트겐의 역사적 발견 이듬해, 이번에는 같은 광선이 자연계에 존재한다는 놀라운 사실이 밝혀졌습니다. 프랑스의 물리학자 앙리 베크렐은 우라늄 광석과 함께 두었던 사진 건판이 스스로 빛을 내는 현상을 발견했습니다. 뢴트겐의 논문에서 영감을 얻은 베크렐은 우라늄에서 나온 방사선이 이 현상의

빌헬름 뢴트겐

원인이라고 확신했어요.

우라늄은 18세기에 광산에서 발견된 원소로, 같은 시기에 발견된 행성인 천왕성(Uranus, 우라누스)에서 이름을 따왔습니다. 이 우라늄이 방사성 원소라는 사실은 베크렐이 최초로 발견했어요. 오늘날 방사능의 양을 표시하는 단위로 사용되는 '베크렐(Bq)'은 그의 이름에서 비롯되었습니다.

그런가 하면 1898년에는 폴란드 출신의 물리학자 마리 퀴리와 그녀의 남편 피에르 퀴리가 공동으로 자연계에 존재하는 새로운 방사성 원소를 발견했습니다. 현재 체코 서부에 있는 야히모프 광산에서 부부가 고생 끝에 추출한 물질은 폴로늄(Polonium)과 라듐(Radium)입니다.

폴로늄은 마리 퀴리의 모국 '폴란드'에서, 라듐은 프랑스어 '광선(radium)'에서 따왔어요. 퀴리 부부는 방사선을 방출하는 능력을 '방사능'이라고 이름 붙였습니다. 과학에서 완전히 새로운 분야를 개척한 베크렐과 퀴리 부부 세 사람은 1903년, 함께 노벨 물리학상을 받았습니다.

앙리 베크렐

당시에는 방사선이 인체에 미치는 영향이 어떠한지 정보가 없었습니다. 오히려 아름다운 빛을 내뿜는 라듐은 갖가지 인기 상품으로 재탄생했죠. 1920년대에는 라듐이 들어간 비누와 치약이 시장에 나왔고 라듐이 들어간 음료는 건강 음료로 홍보되었습니다.

그중에서도 세계적으로 악명 높은 사건을 일으킨 기업은 미국의 'US라듐사'였습니다. 이 회사는 1917년, 라듐을 이용한 야광 도료를 개발해 시계와 각종 계기판에 널리 활용했습니다. 특히 야간 전투에서 불을 켜지 않아도 시간을 확인할 수 있어 군용으로 많이 쓰였죠. 이때 미국에서는 400만 개가 넘는 야광 시계가 생산되었어요.

야광 도료를 칠하는 작업은 주로 젊은 여성 노동자들이 맡았습니다. 섬세함을 필요로 하는 작업이라 이들은 몇 번씩 붓에 침을 발라 가며 끝을 다듬었어요. 그런데 이 과정에서 라듐이 체내에 흡수되었고, 반복된 피폭으로 결국 방사선 장애가 발생했습니다. 턱뼈가 괴사하고, 혀와 목, 턱에 종양이 생겼으

방사선이 일으키는 세포의 암

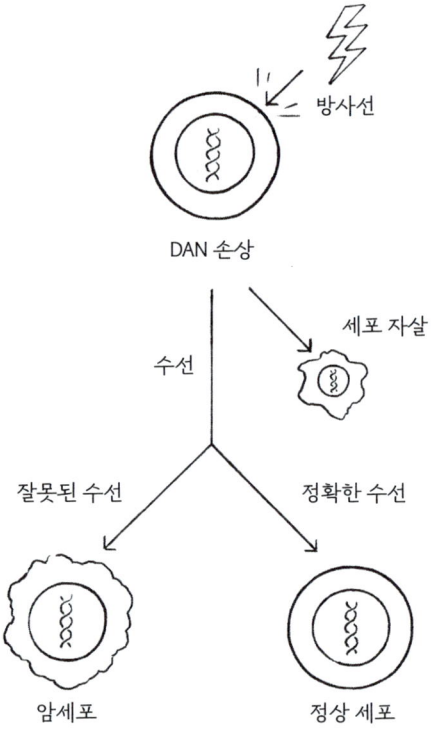

며, 골수가 손상되어 만성 빈혈과 백혈병 등 갖가지 질환이 발병했습니다. 결국 많은 공장 노동자가 목숨을 잃었죠.

방사선으로 DNA가 손상되면, 세포는 망가진 부위를 스스로 고치려 합니다. 그러나 손상이 너무 심해 복구할 수 없을 때는 스스로 죽는 '세포 자살(apoptosis)'을 일으키죠. 그런데 제대로 복구되지도, 자살하지도 않고 어설프게 살아남은 세포가 때로 암세포로 변해 마구 증식하기도 합니다. 그런 원리로 방사선이 암을 유발하는 것입니다.

퀴리의 업적과 안타까운 죽음

마리 퀴리는 제1차 세계 대전 중 전장에서 부상자를 치료하는 데 크게 이바지한 인물입니다. '작은 퀴리'라는 이름이 붙은 이동식 X선 장치 때문입니다.

빌헬름 뢴트겐이 발명한 X선은 전쟁에서 부상병의 골절 부위와 체내에 남은 총알, 총알 파편의 위치를 찾아내는 데 큰 도움이 되었습니다. 마리 퀴리는 X선 장치를 차량에 실어 전장에서 부상병들의 몸속을 촬영하고 진단하는 데 힘을 쏟았습니다.

그러다 1934년, 불운하게도 마리 퀴리는 골수 기능이 저하

마리 퀴리

되는 재생 불량성 빈혈로 세상을 떠났습니다. 오랜 세월 방사성 물질을 다루며 실험을 되풀이하는 동안 방사선에 노출된 게 원인이리라 추정됩니다.

물론 재생 불량성 빈혈과 백혈병 같은 혈액 질환은 방사선에 피폭되지 않아도 생길 수 있습니다. 어떤 병이 어떤 원인으로 생기는지는 그리 단순하지 않으니까요. 지금처럼 의학이 발달한 시대에도 정확한 발병 원인을 짚어 내기는 어렵습니다.

그러나 마리 퀴리가 활동하던 당시에는 지금과 같은 피폭 방지 대책이 없었으니 아마도 많은 사람들이 그 영향으로 수명이 줄었을 가능성이 큽니다.

방사선을 이용한 암 치료

세포를 손상시키는 방사선의 성질을 거꾸로 암 치료에 활용한 기술이 있습니다. 바로 방사선 치료입니다.

앞서 설명한 대로 우리 세포에는 DNA에 발생한 손상을 수선하는 기능, 즉 'DNA 수선 기작'이 여러 가지 탑재되어 있습니다. 이 기능이 없다면 우리는 살아갈 수 없어요. 왜냐하면 자외선이나 화학 물질 등으로 DNA가 손상되는 일은 일상이거든요. 생명 설계도가 되는 DNA를 공격하는 광선이 매일 지구에 쏟아져 내렸기에, DNA 수선 기작을 탑재한 생물이 진화 과정에서 살아남을 수 있었죠.

또한 세포가 분열할 때는 DNA를 복제해야 하는데, 이 과정에서 일정한 확률로 오류가 생깁니다. 이러한 복제 오류를 바로잡는 일 역시 수선 기작이 맡은 역할입니다.

그런데 암세포는 이 수선 기작이 제대로 작동하지 않는 경우가 많습니다. 그래서 방사선 손상에 더 취약하죠. 게다가 암세포는 정상 세포보다 더 자주, 더 빠르게 분열하기 때문에 방사선의 영향을 더 크게 받습니다. 이러한 차이를 이용해 암을 공격하는 것이 방사선 치료의 기본 원리입니다.

방사선 치료는 몸 바깥에서 암이 있는 부위에 방사선을 집중적으로 쏘는 방법이 가장 널리 쓰입니다. 이 외에도 방사성 물질을 몸속에 넣어 암 가까이에 방사선을 노출시키는 근접치료, 치료할 병변이 모이도록 만드는 방사성 물실을 체내에 투여하는 치료 등 다양한 방식이 있습니다.

19세기 말부터 20세기 초 사이, 인류는 방사선이라는 낯선 존재를 깨닫고 그 성질을 하나씩 밝혀냈습니다. 그 과정에서 수많은 사람들이 병을 얻거나 생명을 잃었죠. 하지만 동시에 방사선은 진단과 치료 두 영역에서 수많은 이들을 구했고, 의료에 없어서는 안 될 존재로 자리매김했습니다.

방사선을 둘러싼 역사를 돌아보며 저는 인류의 어리석음과 저력을 동시에 실감합니다.

발병하면
반드시 죽는 질병

많은 사람을 죽인 광견병

치사율이 거의 100퍼센트에 달해 세계에서 가장 치명적인 감염병으로 기네스북에 오른 질병이 있습니다. 바로 광견병입니다.

매년 전 세계에서 5만 명 넘는 사람이 광견병으로 목숨을 잃습니다. 대부분은 광견병에 걸린 개에게 물려 감염되지만 고양이나 박쥐, 여우 같은 야생 동물에게 물려 감염된 사례도 있습니다. 세계 곳곳에서 지금도 광견병으로 많은 사람이 희생되고 있죠.

그런데 생각보다 이 사실을 잘 모르는 분들이 많습니다. 개나 고양이에게 물리는 사고가 적지 않고 반려동물을 키우는 사람도 점점 늘어나고 있지만, 광견병이 두려워서 반려동물을 기르지 못하겠다는 사람은 거의 없습니다. 일본은 세계적으로도 보기 드문 광견병 청정 지역이기 때문입니다.(참고로 한국은 2014년 이후 광견병 발생 건수가 0건이다. – 옮긴이)

광견병 청정 지역이란 광견병이 널리 퍼지지 않은 지역을 말합니다. 일본 외에는 아이슬란드, 호주, 괌, 뉴질랜드, 하와이, 피지 제도 등으로 얼마되지 않습니다. 대부분 섬나라나 외딴 지역이죠.

일본에서는 광견병 걱정 없이 지내는 것이 당연하게 여겨지지만, 이는 저절로 이루어진 일이 아닙니다. 1950년에 '광견병 예방법'이 공포된 이후, 윗 세대들이 생명의 위험을 무릅쓰며 만들어 낸 귀중한 환경이거든요.

1950년 이전에는 일본에서도 광견병으로 사망하는 사람이 많았습니다. 그러나 광견병 예방법이 시행된 뒤 반려견 등록과 백신 접종이 철저하게 이루어지면서 1957년에 광견병이 일본에서 완전히 사라졌습니다.

그 후 일본에서는 광견병 감염 사례가 없습니다. 1970년에

1명, 2006년에 2명, 2020년에 1명이 광견병으로 사망했지만, 모두 해외에서 감염된 뒤 일본에서 발병한 사례입니다. 광견병 청정 지역을 유지하는 일은 매우 어렵습니다. 광견병에 걸린 동물이 다른 나라에서 들어올 가능성은 늘 존재하거든요.

그래서 동물 검역소에서는 해외에서 들어오는 동물에 엄격한 규제를 두고 있어요. 특히 광견병 청정 지역이 아닌 곳에서 개나 고양이를 데려올 경우, 몸에 마이크로 칩을 심고 2회 이상 백신 접종을 해야 하며, 항체 검사도 받아야 합니다. 또 입국하기 전까지 180일 이상 대기해야 하죠.

까다로운 절차와 규정을 성실히 지켜 온 덕분에 일본에서는 지금 광견병을 걱정하지 않고 지내게 되었습니다.

기원전부터 알려졌던 병

광견병은 '광견병 바이러스'가 일으키는 인수 공통 감염병입니다. 사람을 포함한 모든 포유류가 광견병에 걸릴 수 있는데, 사람끼리 전염되지는 않아요. 또 백신을 맞으면 예방할 수 있습니다.

광견병은 감염 후 발병까지 잠복 기간이 적어도 1~2개월로 긴 편입니다. 하지만 일단 증상이 나타나면 치료할 방법이 없어 거의 100퍼센트 속수무책으로 사망합니다. 만약 광견병이 유행하는 지역에서 개나 고양이, 야생동물에게 물렸다면 감염을 막기 위해 백신을 맞아야 합니다. 이것을 '노출 후 예방 요법(post-exposure prophylaxis)'이라고 부릅니다.

안전 구역에서 한 걸음만 벗어나면 광견병은 흔한 병입니다. 해외에서 동물에게 물릴 위험이 있다면 이 위험성을 꼭 알아 두어야 합니다.

광견병은 다양한 증상을 일으킵니다. 처음에는 열이 나고 두통, 식욕 부진, 구토 등 감기와 비슷한 증상이 나타납니다. 이후 흥분하거나 착란 상태에 빠지고, 환각을 보거나 공격적으로 변하기도 합니다. 마지막에는 혼수상태가 되어 호흡이 멈추고 사망합니다.

광견병은 아주 특징적인 증상이 있는데, 바로 '물 공포증'입니다. 말 그대로 물을 두려워하는 증상입니다. 광견병 바이러스는 신경에 침투해 신경 기능을 망가뜨립니다. 물을 마시려고 하면 신경이 지나치게 반응해 목 근육이 경련을 일으키죠. 그래서 환자는 물을 마시기를 심히 두려워하게 됩니다. 비슷하게 바람만 불어도 과민한 반응을 하는 증상도 있습니다. 광견병의 무서움을 여실히 보여 주는 증상입니다.

광견병은 기원전부터 알려진 병입니다. 고대 바빌로니아의 함무라비 법전에도 광견병에 대한 기록이 있죠. 또 1세기 고대 로마의 의학서 《의학론》에서는 이 병을 물을 무서워하는 병이라 불렀습니다. 이처럼 오랜 세월 사람들을 두려움에 떨게 했지만, 증상만 알려졌을 뿐 몇천 년 동안 병의 실태는 밝혀지지 않았고 예방 방법도 없었습니다.

광견병 백신은 19세기에 들어서야 비로소 개발되었습니다. 이 백신의 최대 공로자는 바로 프랑스의 화학자 루이 파스퇴르였습니다.

광견병 백신을 내놓은 구세주

매년 9월 28일은 '세계 광견병의 날'입니다. 이 날은 루이 파스퇴르가 세상을 떠난 날로, 세계 여러 나라에서 다양한 행사가 열립니다.

19세기 후반, 파스퇴르는 영국의 의사 제너가 천연두 백신을 만든 방법을 참고해 자신도 백신을 만들 수 있겠다고 생각했습니다. 다만 제너가 이용했던 우두처럼 비슷한 질병을 활용하는 대신, 인위적으로 백신을 만들고 싶었습니다. 그의 바람은 우연한 계기로 실현되었습니다.

1879년, 파스퇴르는 '가금 콜레라'라는 조류 감염병을 연구하고 있었습니다. 가금 콜레라는 닭을 비롯한 조류에 감염되어 한번 퍼지면 70퍼센트 이상이 폐사하는 가축 감염병입니다. 파스퇴르는 가금 콜레라 원인균을 닭에게 주사하고 병의 진행 상황을 관찰해 나갔습니다.

그러던 어느 날, 조수에게 실험을 맡긴 채 휴가를 떠난 때였습니다. 조수는 그만 파스퇴르의 지시를 깜박 잊고 한 달이 지나고서야 주사를 놓았습니다. 그런데 이 실수가 뜻밖의 발견으로 이어졌습니다. 시간이 지나며 병원균의 독성이 약해진 것입니다. 덕분에 닭은 심하게 아프지 않았고, 오히려 가금 콜레라에 대한 면역이 생겼습니다.

파스퇴르는 이 원리를 바탕으로 병원체의 힘을 약하게 만들어 사람에게 주사하면 병에 걸리지 않고 면역을 얻을 수 있다는 사실을 밝혔습니다. 이것이 바로 오늘날까지 이어진 백신 개념의 기초입니다.

가금 콜레라에 이어 탄저병 백신 개발에도 성공한 파스퇴르의 다음 관심 대상은 광견병이었습니다. 프랑스 파리에서 광견병에 걸린 개가 늘고 있다는 수의사의 의뢰 때문이었죠. 파스퇴르는 가금 콜레라와 마찬가지로 병원체의 힘을 약하게 하는 실험에 나섰습니다.

이번 실험에는 토끼의 척수를 활용했습니다. 광견병에 걸린 토끼의 척수를 건조해 병원성을 약하게 만들어, 사람에게 접종하면 병에 걸리지 않도록 백신을 만든 것입니다.

그 당시에는 바이러스가 존재한다는 사실조차 알려지지 않았지만, 파스퇴르는 세균보다 더 작은 어떤 병원체가 광견병을 일으킨다고 가설을 세우고 연구를 계속했습니다. 천재의 뛰어난 직감은 훗날 전자 현미경이 발명된 뒤에야 증명되었습니다.

1885년, 파스퇴르는 광견병에 걸린 개에게 물린 아홉 살 소년에게 자신이 만든 백신을 접종해 소년의 목숨을 구했습니다. 당시로서는 기적이나 다름없는 일이었습니다. 이후 수백 명의 사람이 파스퇴르의 백신으로 목숨을 건졌고, 이 소식은 세계를 깜짝 놀라게 했습니다.

놀라운 성과에 감동한 사람들은 파스퇴르의 연구팀에 기부를 아끼지 않았고, 1887년에 이 기금을 바탕으로 연구소가 설립되었습니다. 지금도 활발히 운영되고 있는 파스퇴르연구소입니다.

파스퇴르가 최초로 정립한 백신 개념은 면역학의 기초가

되었습니다. 그 덕분에 디프테리아, 페스트, 홍역처럼 인류를 위협하던 전염병들도 차례로 백신이 개발되었습니다.

신경독 테러가 발생하다

지하철 사린 사건

1995년 3월 20일, 일본에서 전례 없는 무차별 사린 살포 사건이 발생했습니다. 장소는 도쿄의 지하철 차내였어요.

오전 8시 무렵, 출근길로 혼잡한 지하철에서 세 개 노선, 총 다섯 대 차량에 동시에 신경독이 뿌려졌습니다. 이로 인해 13명이 소중한 생명을 잃었고, 6000명에 가까운 사람이 다쳤습니다. 이 끔찍한 사건은 종교 단체인 옴진리교가 꾸민 일이었습니다. 대도시 한복판에서 이러한 화학 무기 테러가 일어난 것은 처음이라 전 세계에 큰 충격을 주었습니다.

사린(sarin)은 유기 인산 화합물의 하나로, 1938년에 나치 독일이 개발한 화학 무기입니다. 당시 이 물질을 개발한 나치의 화학자 네 명의 이름을 가져와 이름 붙였죠.

유기 인산 화합물이란 탄소와 인산이 결합된 화합물을 통틀어 부르는 이름으로 보통 살충제나 농약으로 널리 쓰입니다. 실제로 살충제나 농약을 실수로 들이마시거나, 자해나 자살을 목적으로 음독해 병원으로 급히 실려 오는 중독 환자가 적지 않습니다. 이런 이유로 유기 인산 중독은 응급 의료 분야에서 중요한 약물 중독 중 하나로 다뤄집니다.

사린이 인체에 치명적인 이유는 신경 전달 물질인 아세틸콜린(acetylcholine)과 비슷한 구조를 가지고 있기 때문입니다. 그렇다면 왜 이 구조가 생명을 위협할까요? 인체의 신경계 구조를 알면 이해가 됩니다.

신경은 몸 전체에 뻗어 있는 선로와 같습니다. 이 신경을 통해 뇌는 각 기관에 쉴 새 없이 명령을 내립니다. 신경을 선로에 비유하자면, 하나의 긴 선이 아니라 짧은 레일이 무수하게 연결된 구조입니다. 전철을 타면 '덜컹덜컹' 하는 규칙적인 진동이 느껴지죠? 이는 전철이 일정하게 설치된 레일 이음매를 지나면서 생기는 울림입니다.

우리 몸에서 이 레일에 해당하는 부분이 바로 신경 세포입니다. 우리 몸은 약 37조 개의 눈에 보이지 않을 정도로 작은 세포들로 이루어져 있고, 이 중에서 정보를 전달하는 역할을 맡은 신경 세포는 '뉴런'이라는 특별한 이름으로 불립니다.

이 뉴런과 뉴런 사이에도 연결 부위가 있습니다. 이 연결 부위를 '시냅스'라고 부르며, 뉴런과 뉴런 사이의 틈은 '시냅스 간극(synaptic cleft)'이라고 합니다.

한번 상상해 보세요. 유선 이어폰 케이블을 중간에서 끊으면 음악이 들리지 않죠. 절단된 케이블 틈을 전기 신호가 뛰어넘을 수 없기 때문입니다.

그렇다면 뉴런 사이에 있는 틈을 전기 신호는 어떻게 뛰어넘을까요? 이제 중요한 역할을 하는 것이 바로 '신경 전달 물질'입니다. 아주 작은 신경 전달 물질이 마치 무수한 파발꾼처럼 이 틈을 이동하며 정보를 전달합니다. 이는 동물이 진화하면서 만들어 낸, 놀라울 만큼 정교한 시스템입니다.

뉴런의 구조와 전달 원리

뉴런은 특별한 구조를 지니고 있습니다. 중심이 되는 '세포체'와 세포체에서 뻗어 나온 두 종류의 돌기인 '축삭 돌기'

뉴런과 전달 원리

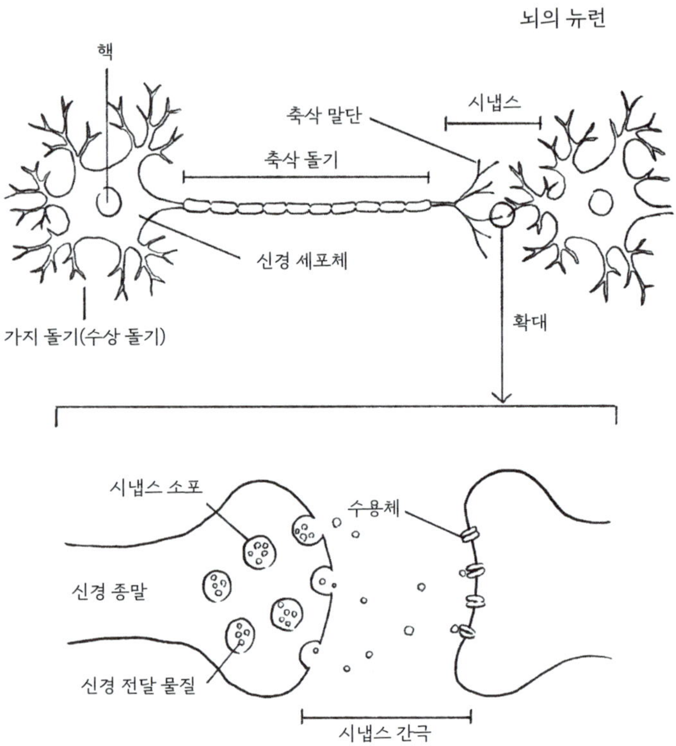

뇌의 뉴런

핵

축삭 말단

시냅스

축삭 돌기

신경 세포체

가지 돌기(수상 돌기)

확대

시냅스 소포

수용체

신경 종말

신경 전달 물질

시냅스 간극

와 '가지 돌기(수상 돌기)'로 이루어져 있죠. 축삭 돌기의 끝에는 '시냅스 소포'라는 주머니가 있는데, 이 주머니에서 신경 전달 물질이 나와서 이웃한 뉴런의 수용체에 붙어 정보를 전합니다.

신경 전달 물질은 뉴런과 뉴런 사이에서만 작용하지 않습니다. 예를 들어 근육을 움직이라는 명령은 마지막에는 근육, 즉 근섬유에 도달해야 합니다. 이 마지막 전달 지점인 '뉴런과 근육 세포 사이'도 신호가 뛰어넘어야 하는 틈인데, 이 부위를 '신경근 접합부'라고 부릅니다. 이 부위도 시냅스의 일종으로, 신경 전달을 담당합니다.

아드레날린, 세로토닌, 도파민을 비롯해 다양한 신경 전달 물질이 있으며, 각각 다른 기능을 가지고 있습니다. 아세틸콜린도 그중 하나로, 부교감 신경 말단과 신경근 접합부에서 중요한 역할을 합니다. 이야기가 조금 복잡해졌지만, 어려운 내용은 여기까지 하겠습니다.

1장에서 말씀드렸듯이 부교감 신경은 자율 신경계의 일부로, 교감 신경과 반대의 일을 합니다. '자율'이라는 말에서 보이듯, 이 신경계는 상황에 따라 자동으로 몸의 기능을 조절하고 생명을 유지합니다. 부교감 신경은 느긋하게 식사를 하거나 휴식을 취할 때 작동하는 반면 교감 신경은 흥분 상태일 때 작동합니다. 이 두 신경계는 동공 크기, 혈압, 심박 수, 혈관의 수축과 이완 등 다양한 신체 기능에 서로 반대되는 작용을 합니다.

자율신경의 작용

	자율 신경계	
	교감 신경계	부교감 신경계
동공	확대	축소
기관	확장	수축
혈압	상승	하강
심박 수	증가	감소
소화액 분비	감소	증가
소화관 운동	억제	—
땀샘	땀 분비 촉진	땀 분비 억제
방광	소변 억제	소변 배출
모세 혈관	수축	확장

신경 전달 물질은 필요할 때 생성되어 정보를 전달한 뒤에는 빠르게 분해되어야 합니다. 아세틸콜린도 반응을 마치면 '아세틸콜린에스터레이스(acetylcholinesterase)'라는 효소에 의해 금세 분해됩니다.

이 아세틸콜린을 통한 신경 전달 구조를 밝혀낸 영국의 약리학자 헨리 데일과 미국의 약리학자 오토 뢰비는 1936년에 노벨 생리·의학상을 받았습니다.

그런데 테러에 사용되었던 사린은 아세틸콜린에스터레이

스와 결합하여 이 효소의 작용을 방해합니다. 그러면 아세틸콜린이 분해되지 않고 몸속에 과도하게 쌓여 근육이 경련하듯 계속 수축합니다. 또 부교감 신경이 과도하게 작용하여 동공이 작아지고, 구토, 설사, 혈압 저하 같은 여러 증상이 나타납니다. 심한 경우 호흡이 멈춰 사망에 이르죠.

시간과의 싸움

지하철에서 사린 사건이 발생하자, 역 안에 있던 수천 명이 공황 상태에 빠져 우왕좌왕했습니다. 많은 피해자들이 가까운 병원으로 실려 갔습니다. 특히 쓰키지에 있는 성누가국제병원이 가장 많은 환자를 받았는데, 총 640명이라는 들어 본 적 없는 응급 환자를 치료하게 되었습니다.

성누가국제병원은 대형 예배당과 병원 복도까지 활용해 환자를 진료했습니다. 이 예배당과 복도에 산소 배관 같은 설비를 미리 갖춰, 비상시에는 병실처럼 사용할 수 있게 설계한 덕분이었습니다. 병원장인 히노하라 시게아키가 이 설계를 고집한 데는 이유가 있었습니다. 1945년 도쿄 대공습 당시, 많은 환자가 병원에 발도 들여 보지 못하고 죽는 모습을 의사로서 목격했기 때문입니다. 언제든지 대형 재해에 대응할 수 있는 병원을 만들겠다는 그의 사명감이 빛난 순간입니다.

그 밖에도 여러 병원이 응급 체제로 전환하여 환자를 받았고, 의료진은 혼신의 힘을 다해 치료에 매달렸습니다. 그러나 치료는 순조롭지 않았습니다. 유기 인산 중독을 해독할 PMA(phorbol 12-myristate 13-acetate)의 재고가 바닥났기 때문입니다.

원래 PMA는 농약 중독에 쓰이는 치료제입니다. 도쿄 같은 대도시 한복판에서 농약 중독이 수백 명에게 동시에 발생하리라고는 아무도 예상하지 못했죠. 도쿄에 있는 모든 PMA를 총동원해도 필요한 환자 수에는 턱없이 모자랐습니다.

PMA는 아세틸콜린에스터레이스 효소의 기능을 되살리는 약이지만, 증상이 나타나는 초기 단계에 투여해야 효과가 있습니다. 사린이 일으키는 효소 억제 작용은 시간이 지나면 회복할 수 없는 상태로 바뀌기 때문입니다.

이 약을 취급하는 약품 도매 회사인 스즈켄은 가능한 한 많은 PMA를 그러모으는 계획을 세웠습니다. 나고야 본사에서 출발한 직원이 고속 철도를 타고, 하마마쓰, 시즈오카, 신고베 역 승강장에서 릴레이처럼 PMA를 전달받아 도쿄로 옮겼습니다. 이들의 노력 덕분에 총 230명분의 PMA가 도쿄의 병원에 전달되었습니다.

그 당시 유기 인산계 농약을 만들던 스미토모제약은 일본 내에서 유일하게 PMA를 생산하고 판매하던 회사였습니다. 이 회사는 사건이 일어난 그날 저녁에는 2000명분, 밤에는 2500명분의 PMA를 마련해 의료 기관에 차례로 보냈습니다.

그 밖에도 사건 현장에서 구조와 구명 활동을 맡았던 구급 대원들, 오염 제거 작업에 나선 대원들, 의료 기관에 화학 무기 치료 지침을 조언한 군의관과 간호 사관, 민간 항공사인 ANA를 비롯해 PMA 긴급 수송을 적극 도운 직원들… 다양한 분야의 수많은 사람이 힘을 모아 이 비극적인 사건의 피해가 커지지 않도록 막아 냈습니다.

의학을 공부하면 두 가지 상반된 감정을 느끼게 됩니다.

하나는 '조물주가 인체를 얼마나 야무지게 잘 만들었는가'라는 감탄이고, 다른 하나는 '인체는 왜 이렇게 약하고 허술할까'라는 실망감입니다.

인체를 이루는 구조 하나하나는 저마다 놀라울 정도로 기능이 뛰어납니다. 이 기능들이 진화의 과정에서 저절로 만들어졌다고 선뜻 믿기 어려울 정도로 기적적이죠.

그러나 한편으로 자연계에 흔한 물질, 혹은 눈에 보이지 않을 만큼 작은 생물로도 우리 몸은 생명 유지에 크나큰 위기를 맞이합니다. 자동차나 전자 기기와 비교해도 인체는 참으로 연약하죠. 의학을 공부하고 의사로서 수많은 질병과 외상을 마주하면, 우리 몸이 얼마나 약한지를 체감하게 됩니다.

인체를 뜯어보면 단순한 '유기물 덩어리'에 지나지 않습니다. 우리 몸의 기능은 신비롭고 굉장하지만, 우리는 허무할 정도로 쉽게 무너지는 나약한 생명체입니다. 더군다나 세균과 바이러스를 비롯해 많은 위협에 둘러싸인 채 하루하루를 살아가죠.

더욱이 인체 기능은 나이를 먹으면 떨어지도록 만들어졌습니다. 인체에 위해를 가하는 모든 외부의 적을 모면하더라도 '노화'는 피할 수 없습니다. 사람의 수명은 어차피 정해져 있고, 많든 적든 몇십 년이면 자연히 기능을 멈춥니다. 개인이 아무리 노력해도 이 기한을 넘겨 살아가는 건 불가능해요.

모든 사람은 가까운 미래에 반드시 목숨을 잃습니다.

20세기 초, 일본인의 평균 수명은 40대였습니다. 그러나 오늘날 평균 수명은 90대에 다다를 기세이죠. 의학은 과거 사람들이 상상하지 못했던 세상을 이루어 냈습니다.

그러나 생각해 보면 의학으로 늘린 인체의 소비 기한은 고작 40년 정도라고 할 수 있습니다. 지구에 최초로 생명이 탄생하고 약 40억 년이 지났습니다. 그 영겁의 세월에 비하면 의학이 우리에게 준 시간은 그리 길지 않습니다.

하지만 놀랍게도 의학은 이 '승산이 적은 싸움'에 전력을 다해 계속 도전하고, 때로 크게 실패하며 어떻게든 작은 승리를 차곡차곡 쌓아 왔습니다. 누군가 1년이라도 더 오래 이 세상에 산다는 데 의미가 있다고 믿고, 인류는 지혜와 기술을 갈고닦아 의학을 발전시켜 왔습니다.

저는 의사로서 매일 환자를 마주합니다. 그 가운데는 1년이라도 더 오래 살기 위해 수술을 희망하는 이들이 있습니다. 함께 살 수 있는 1년에 감사하며 눈물을 흘리는 가족도 있습니다. 그 모습을 보면 고작 1년이라는 세월이 인류에게 얼마나 큰 값어치를 지니는지 새삼 깨닫게 됩니다. 의학이 이룬 눈부신 발전은 이러한 가치를 실현해 왔습니다.

허망하게 무너져 내리는 인체를 포기하지 않고, 끝까지 지켜 내고자 하는 의학의 '기개'를 저는 이 책에 담고 싶었습니다. 여기까지 읽은 여러분이 인체의 나약함과 함께 그 나약함에 굴하지 않고 과감하게 도전한 의학의 노력을 알아주길 바랍니다.

오래 살고 싶다는 인류의 영원한 난제를 해결해 온 의학은 최근 커다란 모순을 직면하게 되었습니다. 오래 살더라도 와병 생활로 거동이 불편해져 삶의 질이 떨어지거나, 일상생활에 지장을 겪는 경우가 생겼으니까요. 그런 인생은 과연 의학이 정말로 인류에게 주고 싶던 가치일까요?

제 생각은 다릅니다.

최근에는 '건강 수명'이라는 개념이 나왔습니다. 건강 수명은 '건강상의 문제로 일상에 어려움을 겪지 않고 생활할 수 있는 기한'을 말합니다. 2019년 일본 건강 수명은 남성 72.68세, 여성 75.38세로 평균 수명보다 약 10년이 짧습니다.

의학은 본래 인생을 풍요롭게 해 주기 위한 학문입니다. 그 '풍요로움'이 곧 '생명 연장'과 같은 말이라고 단정할 수는 없습니다. 죽음이라는, 패배가 정해진 싸움에 들어서는 게 의학이라면 '멋진 패배' 또한 의학의 역할이 아닐까요?

이 책은 제가 먼저 쓴《대단한 인체》와 대립점에 있는 책으로, 우리 인체가 얼마나 나약한지를 조명했습니다. 그래서 이번 책의 제목을《대단한 의학》으로 정했습니다. 우리 몸의 연약함을 이야기하면서 의학의 눈부신 발전을 이야기하지 않는다면 팥소 없는 찐빵처럼 본질이 빠진 이야기가 될 테니까요.

이 둘은 동전의 앞뒷면과 같습니다. 인체가 연약하고 덧없을 수록 인류는 지혜를 끌어모아 의학을 한 걸음씩 발전시켜 왔습니다.

여러분이 이 책을 통해 의학을 공부하는 즐거움과 지적 호기심을 채우는 쾌감을 맛보았다면 저자로서 더할 나위 없는 기쁨일 것입니다.

그리고 지금껏 셀 수 없는 가혹한 투쟁에 목숨을 바쳐 온 의학자와 과학자 들의 당당한 모습이 여러분에게 조금이나마 내일을 살아갈 용기와 힘을 주기를 바랍니다.

고등학교 2학년 가을. 아직 늦더위가 가시지 않은 교토의 거리를 찾은 저는 처음으로 교토대학교 의학부 캠퍼스에 발을 들였습니다. 많은 시간이 지났지만, 그날 일은 지금도 또렷합니다.

캠퍼스 한가운데를 관통하는 한 줄기 넓은 길, 그 양옆으로 위풍당당하게 늘어선 벽돌로 지은 강당과 연구실. 선선한 가을바람은 가로수 잎을 흔들었습니다. 고요한 캠퍼스에 살랑거리는 소리만 들려왔어요.

이곳에서 이루어진 수많은 연구가 세계 의학을 바꾸어 놓

있다는 생각을 하자, 말로 표현할 수 없는 기분이 들었습니다. '나도 이곳에서 의학을 공부하고 연구하는 길을 걸을 수 있다면 얼마나 행복할까⋯.' 하는 생각이 들었죠.

그리하여 저는 2004년 교토대학교 의학부 학생이 되었습니다. 그 시절 의대 학부장은 혼조 다스쿠 교수님이었습니다. 훗날 면역 항암제인 니볼루맙(옵디보) 개발에 이바지한 공로로 노벨상을 받은, 세계적인 의학 연구자입니다.

그렇게 들어간 의학부의 수업은 자극 그 자체였습니다. 사실 학창 시절 들었던 강의에서 인상 깊었던 일화들이 이번 책을 쓴 동기가 되었습니다. 강의를 들으며 '너무 재밌어!'라고 무릎을 치며 감탄하던 주제는 지금도 기억에 깊숙이 새겨져 있거든요.

대학 졸업 후에 저는 7년 동안 임상 경험을 거쳐, 다시 교토대학교 의학부 캠퍼스로 돌아왔습니다. 대학원에서 신규 암 치료제에 관한 기초 연구를 하기 위해서였죠. 제 전문 분야는 대장암으로, 지도 교수님이었던 무토 마코토 박사님은 대장암 실험 쥐 모델의 세계적 권위자였습니다.

대학원 수료 후에도 저는 외과 의사로 지내면서 대학 객원 연구원으로 대장암 연구를 이어 갔습니다. 제 연구 성과는 아직 보잘것없는 수준이지만, 동경하는 캠퍼스에서 의학 연구의 한 축을 담당한다는 사실이 제 인생에 작은 긍지입니다.

의학이라는 학문은 참으로 재밌습니다. 의학을 공부하는 즐거움을 어떻게든 전하고자 저는 전작 《대단한 인체》에 이어 이번 작품인 《대단한 의학》을 썼습니다. 그러나 너무나 광대하고 너무나 심오한 이 세계의 매력을 제가 감히 온전히 전할 수 있다고 생각하진 않았습니다. 저는 그저 여러분을 이 세계의 입구까지 안내하고 거기서부터 걸어갈 이정표를 제시할 따름입니다.

그 이정표의 일환으로 책을 몇 권 소개하겠습니다. 의학을 더욱 즐겁게 알아 나갈 수 있는 다양한 분야의 책을 소개하니, 이 책의 여운이 남아 있는 동안 한번 살펴보세요.

바디: 우리 몸 안내서

빌 브라이슨, 까치, 2020

인체에 관한 책은 지금까지 수없이 출간되었지만, 이 책은 그 모든 것을 총망라한 책입니다. 머리부터 발끝까지 남김없이 이야기 하거든요. '인체의 신비'뿐 아니라 의학의 발전에 이비지한 저명한 의사와 의학 연구자 들의 이야기도 다루어 의학사에 흥미 있는 사람도 즐길 수 있는 작품이죠. 500쪽이 넘는 대작인데, 압도적인 재미에 빠지면 시간 가는 줄 모르고 읽을 수 있습니다. 저자는 미국 출신 논픽션 작가로, 의학 전문가는 아닙니다. 그런데 오히려 의학 전문가가 아니기에 인체를 처음부터 끝까지 '기발한 각도'로 관찰하고, 인체의 구조와 기능에 관해 설명하는 표현도 독특합니다.

돌팔이 의학의 역사: 엉터리 만병통치약에 대한 무시무시한 이야기

리디아 강, 네이트 페더슨, 더봄, 2020

수은과 비소가 치료제로 널리 사용되고, 우리도 앞서 살펴봤던 코카인과 라듐, 아편 등이 기호품으로 사랑받았던, 지금으로서는 절대 있을 수 없는 세상이 불과 얼마 전까지 버젓이 존재했습니다.

'돌팔이 의학의 역사'라는 제목대로 안전성도, 윤리성도 결여된 치료가 실제로 환자에게 이루어졌다는 사실에 등줄기가 서늘해집니다. 이 책은 현대에는 황당하다고 치부될 의료 행위를 모두 27가지 소개합니다. 미스터리처럼 즐겁게 읽을 수 있는데, 전부

실화이죠. '내가 이 시대에 태어났더라면 어떻게 되었을까….' 상상하며 서늘한 공포를 맛볼 수 있습니다. 어떤 의미에서 인간의 어리석음을 깨닫게 해 주는 책입니다.

나이팅게일 평전: 도설 간호노트와 함께
이바라키 타모츠, 군자출판사, 2016

나이팅게일의 전기와 만화는 대개 그녀의 헌신적이고 자애로운 모습에 집중한 작품이 많습니다. 나이팅게일은 '크림반도의 천사'라는 애칭으로 잘 알려졌지만, 천사라는 말에서 연상되는 상냥함과 온정만으로는 그녀를 다 표현할 수 없어요.

실제로 나이팅게일은 상대방이 윗사람이라도 아랑곳하지 않고 가차 없는 말로 잘못을 비판하고, 상황을 개선하기 위해 저돌적으로 일한 엄청난 행동력의 소유자입니다. 과학적으로도 엄격했던 그녀의 갖가지 이론은 오늘날 의료에도 적용할 만하죠.

이 책은 이러한 나이팅게일의 민낯을 의사인 저자가 만화로 그려 낸 책입니다. 전반은 나이팅게일의 전기이고, 후반은 현대 간호 교육에서 지금도 바이블로 여겨지는 《간호 노트》를 만화로 그렸습니다. 역사에 남은 명저에서 나이팅게일이 이야기하는 간호론과 경영론은 의료인이 아니리도 읽을 만한 가치가 있어요.

프로젝트 헤일메리

앤디 위어, 알에이치코리아(RHK), 2021

마지막으로는 색다르게 SF 소설을 한 편 소개하겠습니다. 이 작가는 데뷔작《마션》이 동명의 영화로 제작되어 유명해진 본격 SF 작가입니다.

저자의 세 번째 작품인《프로젝트 헤일메리》는 처음부터 끝까지 지적 호기심을 자극하는, 재미로는 둘째가라면 서러운 작품입니다. 읽다 보면 과학적 상상력을 마음껏 발휘하는 이 이야기꾼에게 압도당하게 됩니다.

그렇다면 왜 제가 여기서 SF 소설을 소개했을까요? 안타깝게도 소설 줄거리를 소개하면 읽는 재미를 해칠 수 있어 구체적으로 밝힐 수는 없네요. 그렇지만 읽으면 틀림없이 제가 이 소설을 소개한 이유를 이해하리라 믿습니다.

초간단
의학의 역사

지금 우리가 누리는 의학은 어떻게 생겨났고, 또 어떻게 발전해 왔을까요? 여기서는 아주 간단히 의학의 역사를 훑어보겠습니다.

기원전 8세기 후반, 그리스 각지에 폴리스(도시 국가)가 탄생하고 고대 그리스 문명이 형성되었습니다. 고대 그리스는 수학, 천문학, 철학과 같은 여러 학문의 바탕이 된 곳이기도 합니다. 의학 역시 이 시기 그리스에서 싹을 틔우기 시작했습니다.

기원전 5세기 무렵, 그리스에서 태어난 의사 히포크라테스는 '의학의 아버지'로 일컬어집니다. 현재 존재하는 서양 의학의 기초를 닦은 인물이죠. 그는 환자의 맥박과 호흡, 피부 윤기, 소변, 대변 등을 관찰하고 상세하게 기록해 후대 의사들이 참고할 수 있는 증례 모음집을 완성했습니다. 60권이 넘는 의학서인 〈히포크라테스 전집〉은 역사에 남은 대작입니다.

특히 후세에 커다란 영향을 미친 이론이 있으니 '사체액설'입니다. 인체에는 혈액, 점액, 황담즙, 흑담즙이라는 네 가지 체액이 존재하고, 이 체액이 불균형하면 병이 생긴다고 히포크라테스는 주장했죠. 이 이론은 이후 2000년 가까이 정론으로 믿어졌습니다.

히포크라테스의 가르침을 발전시킨 사람이 2세기 무렵 고대 로마에서 활약한 의사 클라우디오스 갈레노스입니다. 갈레노스는 고대 그리스 문헌을 그러모아 방대한 분량의 책을 집필했습니다. 또 동물을 해부해 얻은 지식을 바탕으로 해부학적 지식과 질병 치료법을 정리했죠. 그 분량이 무려 500~1000만 단어에 이른다고 알려져 있습니다.

갈레노스의 의학서는 18세기에 이르기까지 권위 있게 여겨졌고, 서양 의학에 큰 영향을 미쳤습니다. 갈레노스는 '의사의 군주'로 오랜 세월 존경받으며 의학사에 그야말로 압도적인 존재감을 발휘했어요.

중세에는 고대 그리스와 로마의 책이 아랍어로 번역되어, 이슬람 국가로도 퍼졌습니다. 이슬람 문화권에서 최고 학자로 여겨지며 '학문의 대들보'로 불린 존재가 있으니 바로 페르시아의 의사 이븐 시나입니다. 그는 고대 그리스 로마의 의학 이론을 체계적으로 정리해 〈의학정전〉이라는 책을 남겼습니다. 총 5권에 이르는 이 대작은 중세 유럽에서 우수한 의학 교재로 오랫동안 활용되었습니다.

11세기 후반부터 14세기 무렵에는 그리스어와 아랍어로 되어 있던 과거 문헌이 라틴어로 번역되어 의학 교육에 널리 쓰였습니다. 당시 사람들은 의학을 고대의 권위 있는 책에서 배워야 할 학문이라고 생각했거든요.

이단 의사와 해부학

중세 해부학 수업은 해부학자인 선생이 권위 있는 갈레노

안드레아스 베살리우스

스의 책을 소리 내어 읽는 방식으로 진행되었습니다. 인체 해부로 얻은 지식이 갈레노스의 이론과 맞아떨어지지 않으면, 해부를 한 관찰자나 실습 대상이었던 인체가 잘못된 거라고 판단했죠. 그래서 후대에는 갈레노스의 권위가 의학의 발전을 1000년 넘게 퇴보시켰다는 조롱이 쏟아지기도 했습니다.

이 시대에 활약한 의사 안드레아스 베살리우스는 이단아로 불렸습니다. 그는 과거 선배들이 쓴 권위 있는 책이 아니라 인체 자체를 관찰해야만 지식을 얻을 수 있다고 믿고, 극장형 강당에서 직접 인체 해부를 진행했어요. 그가 1543년에 완성한 해부학 서적인 《인체 해부에 대하여》는 정교한 인체 해부도를 풍부하게 실은, 7권짜리 대작입니다.

'보이지 않았던 세계'를 보다

활판 인쇄술이 보급되면서 베살리우스의 책은 널리 읽혔

고, 근대 의학이 시작되는 계기가 되었습니다. 이 책이 출간된 1543년은 니콜라우스 코페르니쿠스가 《천구의 회전에 관하여》를 써서 당시 주류였던 천동설을 뒤집고, 지동설을 주장한 해였습니다.

코페르니쿠스가 한바탕 파란을 일으킨 이후로 사람들은 관찰과 실험이라는 자연 과학의 기법을 받아들이기 시작했습니다. 이제 하늘뿐 아니라, 몸속 세계도 직접 관찰하고 실험해 나가면서 갈레노스의 이론은 점차 전복되어 갔습니다.

영국의 의사 윌리엄 하비는 20년이 넘는 세월 동안 60종 이상의 동물을 해부하며 '혈액이 전신을 순환한다'는 진실에 최초로 도달했습니다. 그때까지의 상식은 간에서 만들어진 혈액이 밀물과 썰물처럼 온몸에 퍼지고, 각 장기에서 소비된다는 갈레노스의 이론이었어요. 1628년, 하비는 《동물의 심장과 혈액의 운동에 관한 해부학적 연구》를 내며 이 책에서 혈액 순환론을 주장했고, 갈레노스의 이론을 최초로 반박했습니다.

16세기 후반에는 현미경이 발명되어 맨눈으로는 볼 수 없었던 세계가 드러나기 시작했습니다. 영국의 의학자 로버트 훅은 현미경으로 코르크를 관찰하다가 코르크에 미세한 구멍이 무수히 존재한다는 사실을 알아냈습니다. 1665년, 그는

로버트 훅

루돌프 피르호

《마이크로그라피아》라는 책에서 코르크의 미세한 구멍을 작은 방이라는 의미에서 '셀(cell, 세포)'이라고 이름 붙였어요.

다만 세포가 생물의 기본 단위라는 사실은 19세기가 되고 나서야 알려졌습니다. 독일의 병리학자 루돌프 피르호가 모든 세포는 세포에서 유래한다는 '세포 이론(cell theory)'을 세우고, 1858년에 《세포 병리학》이라는 책을 썼죠. 이 책에서 그는 인체를 구성하는 기본 단위인 세포의 병적인 변화로 질병이 발생한다는 이론을 최초로 주장했습니다.

현미경은 생물학을 크게 발전시켰습니다. 17세기, 네덜란드의 직물 상인이자 박물학자였던 안토니 레이우엔훅는 맨눈으로는 보이지 않는 미생물의 존재를 처음으로 학계에 보고했

습니다. 프랑스의 화학자 루
이 파스퇴르는 발효와 부패가
미생물의 작용이라는 사실을
발견했죠.

루이 파스퇴르

　파스퇴르는 또한 생물이
아무것도 없는 상태, 즉 무에
서 탄생한다는 '자연 발생설'
을 1859년에 최초로 반박했
습니다. '자연 발생설'은 18~19세기 무렵까지 정론으로 받아
들여졌던 학설이에요. 시간이 흐르면 빵에 곰팡이가 슬고, 벌
레의 사체에는 구더기가 들끓습니다. 이 현상을 보고 "아무것
도 없는 상태, 즉 무에서 생물이 탄생한다."고 말하던 자연 발
생설에서 벗어나 "어디에선가 생물이 와서 붙는다."고 이해할
수 있게 된 건 파스퇴르 이후 사람들뿐입니다.

　그러나 미생물이 질병의 원인이라는 사실은 오랫동안 알
려지지 않았습니다. 19세기 중반, 헝가리의 산부인과 의사인
이그나츠 제멜바이스가 '손 씻기'로 산후 환자에게 일어나는
산욕열(감염병의 일종)을 예방할 수 있음을 깨닫고, 1847년에
이 이론을 발표했습니다. 그렇지만 당시에는 그의 주장을 믿

이그나츠 제멜바이스

조지프 리스터

어 주는 사람이 없었습니다.

감염병과의 싸움

제멜바이스가 죽은 후, 그의 이론을 재평가한 것은 영국의 외과 의사 조지프 리스터였습니다. 파스퇴르가 발견한 부패 과정을 바탕으로 리스터는 수술 후에 생기는 상처 감염도 미생물의 소행이라고 의심하고, 최초로 소독액을 개발했습니다. 그는 이 내용을 1867년에 논문으로 발표했고, 수술에 '소독'이라는 개념을 처음으로 도입했습니다.

같은 시기, 독일의 의사 로베르트 코흐는 세균을 배양해 동물에게 투여하면 특정 질병을 일으킬 수 있다는 사실을 알

로베르트 코흐

기타자토 시바사부로

아냈습니다. 그는 탄저병, 결핵, 콜레라의 원인이 되는 세균을 발견했고, 1905년에 노벨 생리·의학상을 받았어요. 또 코흐의 제자인 기타자토 시바사부로는 파상풍의 원인균 배양에 성공해 치료법을 개발했습니다.

코흐가 발견한 '세균이 감염병의 원인이 된다'는 사실은 의학을 비약적으로 발전시켰습니다. 세균을 죽이는 약이 생긴다면 질병을 퇴치할 수 있다는 발상을 일으켰으니까요.

1910년, 독일의 의사 파울 에를리히는 일본에서 유학을 온 세균학자 하타 사하치로와 함께 최초로 세균을 죽이는 화학 물질을 발견해, 이를 '살바르산(salvarsan)'이라 이름 붙였습니다. 애석하게도 살바르산은 매독 이외 일반적인 감염병에는

파울 에를리히	하타 사하치로

효과가 없었어요.

1920년대, 포도상 구균을 연구하던 영국의 의사 알렉산더 플레밍은 푸른곰팡이가 분비하는 물질에 세균 증식을 방해하는 작용이 있음을 발견하고, 이 물질을 '페니실린'이라고 이름 지었습니다. 훗날 옥스퍼드대학교에서 연구하던 병리학자 하워드 플로리와 생화학자인 에른스트 체인이 페니실린 실용화에 열정을 쏟은 끝에 1940년대 대량 생산을 실현했어요. 1945년, 플레밍과 플로리, 체인 세 사람은 함께 노벨 생리·의학상을 받았습니다.

페니실린처럼 미생물이 다른 미생물로부터 몸을 지키기 위해 분비하는 물질은 '항생 물질'이라 부릅니다. 이제 의학계

하워드 플로리

에른스트 체인

에서는 새로운 항생 물질을 탐색하기 시작했죠. 토양 속 생물을 연구하던 미국의 미생물학자 셀먼 왁스먼은 방선균이라는 세균에서 항생 물질인 스트렙토마이신을 발견했습니다. 스트렙토마이신은 결핵 치료제로 실용화되었고, 왁스먼은 1952년에 노벨 생리·의학상을 받았습니다.

항생 물질은 의학사 최대의 발견이었습니다. 항생 물질이 발견된 후로 지금까지 고작 1세기 사이에 감염병 사망률이 가파르게 줄어들었고, 수명은 극적으로 늘어났어요.

한편 예방 접종의 역사는 감염병의 원인, 치료법 해명보다 먼저 시작되었습니다. '한번 심각한 병에 걸리면 같은 병에는 두 번은 걸리지 않는다'는 현상이 옛날부터 경험적으로 알려

셀먼 왁스먼

에드워드 제너

져 있었거든요. 역사상 최초로 예방 접종을 발명한 사람은 영국의 의사 에드워드 제너입니다. 제너는 소가 걸리는 질병인 '우두' 환자의 고름을 사람에게 접종하면, 천연두 면역을 획득할 수 있다는 사실을 알아냈어요. 1798년에 이 연구 결과를 발표했고, '종두'라 불리게 된 이 기법은 전 세계에 급속도로 퍼져 나갔습니다.

19세기 후반에 파스퇴르는 최초로 독성을 인공적으로 약화한 병원체를 활용한 예방 접종을 개발했습니다. 그리고 제너의 공로를 기리고자 이를 '백신'이라 불렀죠. 라틴어로 암소를 'vacca'라 부르는 데서 따온 단어입니다.

대단한 의학

몸속을 볼 수 있게 된 혁명

여기까지가 질병의 원인과 치료를 중심으로 한 의학사라면, 질병 진단에 가장 큰 발전을 가져온 기술은 몸속을 들여다보는 기술입니다.

1895년, 독일의 물리학자 빌헬름 뢴트겐은 진공관을 사용해 실험 도중에 인체를 투과하는 새로운 광선을 발견해, 미지의 변수를 뜻하는 'X'를 붙여 X선이라고 명명했습니다. 몸속을 들여다볼 수 있는 이 획기적인 기술은 곧장 퍼져 나갔고 진단학 분야를 크게 발전시키는 계기가 되었습니다. 그리고 X선을 이용한 다양한 검사가 개발되었죠.

1929년, 독일의 의사 베르너 포르스만은 자신의 팔 혈관에 의료용 가느다란 관, 카테터를 꽂아 심장까지 다다르는 과정을 X선으로 촬영했습니다. 당시로서는 위험하기 짝이 없는 행동이라는 평을 받았으나, 후대에 미국 의사 디킨슨 리처즈와 앙드레 쿠르낭이 X선과 카테터를 사용한 검사법을 개발했습니다. 이로써 심혈관 카테터 검사가 의학계에 보급되었죠. 세 사람은 이 공로를 인정받아 1956년에 나란히 노벨 생리·의학상을 받았습니다.

영국의 기술자 고드프리 하운스필드는 1960년대에 미국의 물리학자 앨런 코맥이 발표한 이론에 기초해, '컴퓨터 단층 촬영(Computed Tomography scan)'이라는 기술을 개발했습니다. 주로 'CT'라고 줄여서 부르는 이 기술은 전신을 다양한 방향에서 X선으로 조사해, 그 영상을 컴퓨터로 해독하고 재구성하는 방식입니다.

CT는 질병 진단에 중요한 도구로 자리 잡았고, 하운스필드와 코맥은 1979년에 노벨 생리·의학상을 받았습니다. CT는 오늘날 전 세계 의료 기관에서 매일 같이 이용되는, 필수 진단 도구입니다.

마취와 외과 수술

19세기 이후 외과 치료도 빠른 속도로 발전했습니다. 가장 큰 요인은 전신 마취의 발명입니다.

세계 최초로 전신 마취를 시도한 사람은 일본의 의사 하나오카 세이슈로, 에도 시대인 1804년의 일이었습니다. 그러나 그가 개발한 마취제 '통선산'은 용량 조절이 까다로워, 세계적으로 보급되지는 못했습니다.

한편 미국의 치과 의사 윌리엄 모턴은 1846년에 에테르 증기를 사용한 전신 마취를 최초로 성공시켰습니다. 이 기법은 세계적으로 퍼져 나갔고, 현재 이루어지는 전신 마취법의 모태가 되었습니다. 모턴이 전신 마취 실연에 나선 수술실은 현재 보스턴에 있는 매사추세츠종합병원 부지 안에 '에테르 돔(Ether Dome)'이라는 이름으로 보존되어 있어요.

전신 마취 덕분에 통증 없는 수술이 가능해졌습니다. 수술 중 고통을 생생히 느끼며 견뎌야 했던 시대를 생각하면 혁명과 다름없는 변화였습니다.

의학과 거인의 어깨

현대에 이르기까지 의학의 역사를 중요한 인물을 중심으로 압축해 훑어보았습니다.

학문의 발전은 작은 한 걸음이 쌓여 이루어진 공든 탑과 같습니다. 여기 적힌 인물들은 모두 이름을 남길 만한 업적을 남겼지만, 그들의 공로는 결코 혼자 힘으로 이루어진 것이 아닙니다. 다른 많은 이들의 뒷받침과 후대의 평가로 역사에 이름을 남긴 것이죠.

또 설령 100년에 한 명 나오는 천재라도, 자기가 태어난 시대에서 얻을 수 있는 지식에 근거해서만 천재성을 발휘할 수 있습니다.

과거 영국의 과학자 아이작 뉴턴은 로버트 훅에게 보내는 편지에서 "내가 다른 사람보다 더 멀리 보았다면 이는 거인들의 어깨 위에 서 있었기 때문이다."라고 썼습니다.

새로운 발견은 선인들이 쌓은 성과 위에서만 이루어지기 마련이니까요.

대단한 의학

초판 1쇄 발행 2025년 7월 30일
초판 3쇄 발행 2025년 11월 28일

글 야마모토 다케히토   옮김 서수지   감수 예병일
펴낸이 최순영

교양 학습 팀장 김솔미   편집 연혜진
키즈 디자인 팀장 이수현   디자인 진예리

펴낸곳 ㈜위즈덤하우스   출판등록 2000년 5월 23일 제13-1071호
주소 서울특별시 마포구 양화로 19 합정오피스빌딩 17층
전화 02) 2179-5600   홈페이지 www.wisdomhouse.co.kr
전자우편 kids@wisdomhouse.co.kr

ISBN 979-11-7171-444-5 43400